"十四五"时期国家重点出版物出版专项规划项目

国家出版基金项目
NATIONAL PUBLICATION FOUNDATION

量子信息技术丛书

量子混沌之受激转子模型

方　萍　著

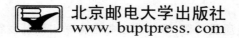

北京邮电大学出版社
www.buptpress.com

内 容 简 介

经典混沌系统因其对初值的敏感性从而具有不可预测性,且混沌运动在自然界是普遍存在的。由此人们很自然地开始探索量子世界中对应的动力学行为,形成了"量子混沌"研究领域。对量子混沌的研究不仅涉及经典量子对应这一基础理论问题,还涉及凝聚态物理、量子信息、统计物理等相关领域。本书概要性地介绍量子混沌相关的研究,并着重以基本模型之一——受激转子系统为例,展示量子世界中的"混沌运动"及研究方法。本书可以作为研究生或高年级本科生学习量子混沌的参考书,或者学习非线性动力学的拓展读物。

图书在版编目（CIP）数据

量子混沌之受激转子模型 / 方萍著 . - - 北京：北京邮电大学出版社，2023.6
ISBN 978-7-5635-6927-4

Ⅰ．①量… Ⅱ．①方… Ⅲ．①量子论－混沌理论 Ⅳ．①O413

中国国家版本馆 CIP 数据核字(2023)第 099718 号

策划编辑：刘纳新　姚顺　**责任编辑**：姚顺　谢亚茹　**责任校对**：张会良　**封面设计**：七星博纳

出版发行：北京邮电大学出版社
社　　　址：北京市海淀区西土城路 10 号
邮政编码：100876
发 行 部：电话：010-62282185　传真：010-62283578
E-mail：publish@bupt.edu.cn
经　　　销：各地新华书店
印　　　刷：保定市中画美凯印刷有限公司
开　　　本：720 mm×1 000 mm　1/16
印　　　张：8.25
字　　　数：174 千字
版　　　次：2023 年 6 月第 1 版
印　　　次：2023 年 6 月第 1 次印刷

ISBN 978-7-5635-6927-4　　　　　　　　　　　　　　　　　　　　**定　价**：68.00 元

· 如有印装质量问题,请与北京邮电大学出版社发行部联系 ·

量子信息技术丛书

顾问委员会

喻 松 王 川 徐兵杰 张 茹 焦荣珍

编 委 会

前 言

混沌运动引起人们的广泛关注是在 20 世纪 60 年代,得益于计算机的应用。气象学家 Lorenz 在研究天气变化规律时,提出 Lorenz 方程,并发现这个方程对初值具有很高的敏感性。在一次演讲中,他提出了著名的"蝴蝶效应",形象地表达了混沌运动的这一特性,引起了广泛的关注。确定性混沌系统不可预测的动力学性质颠覆了人们的决定论思想,改变了人们的世界观。从自然科学到社会学和经济学领域,经典世界的混沌运动无处不在。

一个自然的问题就是量子世界中的混沌运动是什么样的,这是量子动力学研究的核心问题之一,是具有重要理论意义的基本问题。归功于计算机的发展,"量子混沌"相关的研究得以迅速展开,几十年来硕果累累,不仅推进了本领域的发展,对相关领域,如统计物理基础、热化、量子相变、凝聚态物理也有着广泛而深远的影响。因此,总结这个领域的进展是非常必要的。

在量子混沌的研究中,受激转子系统扮演了举足轻重的角色。一维受激转子模型对量子混沌动力学的研究来说,就如同理想气体对统计物理的研究。这个系统在形式上足够简单,它不仅可以进行数值、理论上的研究,而且已经被实验实现,还具有一定的普适性。最突出的是这个系统虽然"简单",但它和它的变形系统已经被发现有丰富的动力学行为,可以用于研究非线性动力学、量子混沌、凝聚态物理和量子信息学中的各种问题。实验方法的改进也推动了量子受激转子模型的多种变体的实现。

本书旨在以受激转子模型为例,以点带面,展示量子混沌领域的研究。第 1 章回顾量子混沌的主要研究内容和进展。第 2 章介绍受激转子模型,包括经典受激转子、量子受激转子及其变体系统的主要研究和成果,以及其与凝聚态和一些相关领域的关系;还介绍了受激转子研究的主要方法。第 3 章、第 4 章主要介绍作者及厦门大学王矫教授、理论物理所田矗舜研究员合作的研究成果。第 3 章介绍系统对称性对一般一维量子受激转子系统的量子共振现象的影响。第 4 章在量子共振条件下探索量子系统可能存在的波包动力学行为,发现在一类具有特定对称性的非 KAM 势的量子双激转子系统中存在一种新的波包动力学行为,而这种动力学行为的机制可以用伪经典极限理论解释。这里把伪经典理论的适用范围推广到了非 KAM 系统。第 5 章对本书的主要内容进行了总结,并提出一些将来可以进一步研究的具体问题和量子混沌的研究方向。

在此,作者特别感谢国家自然科学基金青年项目(NO. 12005024)和北京邮电大学中央高校基本科研业务费(NO. 2019XD-A10,NO. 2020RC13)的支持。

由于个人水平限制,书中错误在所难免,欢迎各位同行及广大读者批评指正!

目　　录

第 1 章
量子混沌简述

1.1 混　沌

　　物质世界的自然规律是复杂的,科学研究的前期总是先把问题简化,而往往简化过的研究结果可以在很大程度和范围上适用,这让人们形成了一些传统的思维。随着科学的发展,人们渐渐发现这些曾经获得很大成功的传统理论和思维的局限性,最后形成了革命性的突破。20 世纪初,物理学上出现了两大革命性的发现——量子力学与相对论——打破了人们的某些传统认识。当进入微观的小尺度时,牛顿经典力学应该用量子力学代替;而当物体的速度接近光速时,则应该用相对论代替。

　　日常经验告诉我们,轻微地改变许多物理系统的初始条件对结果的影响是微小的,也就是说系统的运动是可预测的。这就是经典的决定论思想。经典力学在天文学上获得的辉煌成就无疑给人们巨大的信心,以至于把宇宙看成一架庞大时钟的机械观占据了统治地位。伟大的法国数学家 Laplace 的一段名言把这种决定论的思想发展到了顶峰,他说:"设想某位智者在每一个瞬时都能得知激励大自然的所有力及组成大自然的所有物体的相对位置,如果这位博大精深的智者能对这样众多的数据进行分析,把宇宙间最庞大的物体和最轻微的原子的运动凝聚在一个公式之中,那么对他来说,没有什么事物是不确定的,将来就像过去一样清晰地展现在眼前。"决定论在 19 世纪末开始受到质疑。1887 年,瑞典国王奥斯卡二世悬赏一个重要问题——太阳系是否稳定? 1888 年,庞加莱在他的应征论文《关于三体问题的动态方程》中指出三体系统的运动是非常复杂的,以至于对于给定的初始条件,轨道的最终状态还是无法预测的。这种运动状态就称为"混沌"。

　　混沌运动开始引起人们的广泛关注是在 20 世纪 60 年代,得益于计算机的应用。气象学家 Lorenz 在研究天气变化规律时,提出 Lorenz 方程,并发现这个方程对初值具有很高的敏感性。在一次演讲中,他提出了著名的"蝴蝶效应",形象地表达了混沌运动的这一特性,引起了广泛的关注。随着计算机的发展,人们认识到由确定性方程描述的系统可以是不可预测的,而且确定性的混沌运动是普遍存在的,低维度的非线性系统就能发生混沌运动。下面举两个简单的例子。

Logistic 映射[1]是描述人口增长的模型：

$$x_{n+1}=rx_n(1-x_n) \tag{1.1}$$

其中，$0 \leqslant x_n \leqslant 1$ 表示第 n 代人口的无量纲度量，$r \geqslant 0$ 表示人口增长率。这个模型是个简单的一维非线性映射，系统的稳定性依赖于参数 r。当 r 取 $[3.57,4]$（混沌参数区）时，系统是混沌的。如图 1.1(a)所示，$r=3.5$ 时系统不混沌，x_0 分别为 0.4 和 0.401（初值非常接近）的两条轨道经过 50 步的迭代后仍然吻合；而如图 1.1(b)所示，$r=3.7$ 时系统是混沌的，x_0 分别为 0.4 和 0.401 的两条轨道经过一段时间的迭代已大相径庭。初始值非常小的测量误差积累一段时间后将产生非常大的不同，也就是说已知初值人们无法预测系统在较长时间后的状态，因为初值的测量误差是无法避免的。

另一个典型的例子是"台球"系统，用于描述一个粒子在固定二维边界内的自由运动。台球系统的运动也较为简单，但是除了少数特殊的规则边界（如圆形、长方形）外，一般都做遍历混沌运动。如图 1.2 所示为一个运动场台球的混沌运动，图 1.2(a)给出了纵向位置相同且横向初始位置非常接近的一些粒子（速度相同），它们各自在运动场内自由运动，粒子与边界的碰撞为完全弹性碰撞，经历相同的时间后它们在运动场内的位置变得非常混乱，如图 1.2(b)所示。系统表现出严重的初值敏感性和不可预测性，这就是混沌系统的特征。

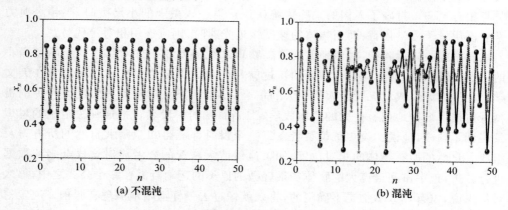

(a) 不混沌   (b) 混沌

图 1.1　不混沌和混沌 Logistic 映射的迭代图

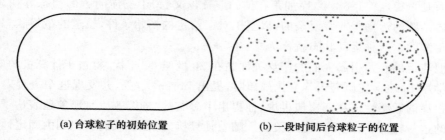

(a) 台球粒子的初始位置   (b) 一段时间后台球粒子的位置

图 1.2　运动场台球的混沌运动

混沌运动的来源是非线性系统中初始邻近的轨道在相空间有界区域中以指数速度分离的性质。指数分离的性质可以用 Lyapunov 指数来表征。设系统相空间中有初始值为 $x(0)$ 的一条轨道 $x(t)$，给 $x(0)$ 一个微小的扰动 $\delta(0)$，它的轨道变为 $x(t)+\delta(t)$，混沌系统相邻轨迹将呈快速的指数分离：$\|\delta(t)\| \sim \|\delta(0)\| \mathrm{e}^{\lambda t}$，其中 λ 即 Lyapunov 指数，它的计算式为

$$\lambda = \lim_{t \to \infty} \frac{1}{t} \ln \left(\lim_{\delta(0) \to 0} \left| \frac{\delta(t)}{\delta(0)} \right| \right) \tag{1.2}$$

λ 的值与零时刻的选择无关。图 1.3 给出了 Logistic 映射的 Lyapunov 指数，其中 Lyapunov 指数小于零时对应参数的 Logistic 映射呈周期性运动。需要注意的是，混沌系统的最大 Lyapunov 指数为正值，但系统具有正的 Lyapunov 指数并不代表系统混沌，如简单的线性无界映射 $x_{n+1}=2x_n$，n 为整数。虽然这个系统的 Lyapunov 指数 $\lambda = \ln 2$ 为正值，但由于系统是线性的，初值的误差引起的解的相对误差并不随时间发生改变，运动还是可以预测的。混沌运动除了可以用 Lyapunov 指数进行刻画，还可以从符号动力学行为等其他角度进行刻画[2,3]。

认识到确定性混沌的普遍性后，人们开始重新考虑各个科学领域中的不规则运动。20 世纪 70 年代以后，出现了混沌科学蓬勃发展的时期。各个学科的相关研究向人们揭示出一个崭新的世界。大到太阳系中行星的混沌运动、长期天气和地震的混沌运动，小到光学湍流、声学、化学反应的混沌变化，从自然科学领域到社会学和经济学领域的很多现象都跟混沌有关。对混沌运动的研究改变了人们的世界观，混沌学同量子力学和相对论一样，已成为第三次伟大革命。

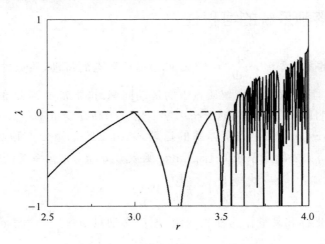

图 1.3　Logistic 映射的 Lyapunov 指数

在认识到混沌运动在经典力学中的重要性后，人们很自然地想到把确定性混沌的概念推广到量子力学中去。根据经典量子对应原理，经典力学是量子力学的极限情形，所以经典的混沌特征在量子上必然有所表现。但量子力学中没有轨道的概念，

而且薛定谔方程是线性的,所以目前普遍认为在现有的量子力学中不存在经典意义上的"长时间"的混沌,但是经典混沌运动系统与规则运动系统对应的量子行为是有区别的。人们通过对量子现象的分析,找出量子不规则运动的基本特征,并研究它与经典混沌间的联系。目前,人们已经发现的对应经典混沌的量子系统中的现象主要有三类:动力学演化特征;能谱统计特征;定态波函数形态特征。经典量子对应是一个基本的物理理论问题,随着人们对介观物理世界的探索日益加深,其重要性也日益凸显。虽然经典可积系统的经典量子对应问题已比较清楚,相应的半经典理论也比较成功,但经典不可积系统的经典量子对应问题仍未得到根本解决。值得关注的是,近些年量子混沌问题在理论、数值及实验上都有较大突破。除了经典量子对应问题,一些不存在经典对应的量子混沌的研究因为其丰富的动力学现象以及与其他领域的密切关系也成为人们关注的焦点。量子混沌领域的相关研究与其他领域如非平衡统计、凝聚态物理、量子信息有密切关系,促进相关问题的蓬勃发展。

1.2 从经典混沌到量子混沌

本节从不可积哈密顿系统的经典混沌运动谈起,具体讲述量子混沌的由来,介绍经典世界的表示向量子世界的过渡,并简要讲述经典不可积哈密顿系统混沌运动对应的量子特征。

1.2.1 哈密顿系统的可积性

牛顿力学用微分方程 $m\dfrac{\mathrm{d}^2 x}{\mathrm{d}t^2} = F(x, \dot{x}, t)$ 描述质点的运动,质点的位置可以用笛卡儿坐标表示。用牛顿力学求解质点组的运动问题时,常常要解大量的微分方程。1788 年,拉格朗日写了一本著作《分析力学》,用 n 个独立变量 $q_1, q_2, \cdots, q_n$ 构成的广义坐标 $q = (q_1, \cdots, q_n)$ 描述力学体系的运动,列出二阶常微分方程,这个方程叫作 Lagrange 方程。如果给定系统的 Lagrange 函数 $L(q, \dot{q}, t)$,则系统的运动方程为

$$\frac{\mathrm{d}}{\mathrm{d}t}\left(\frac{\partial L}{\partial \dot{q}_j}\right) - \frac{\partial L}{\partial q_j} = 0, \quad j = 1, \cdots, n \tag{1.3}$$

后来,哈密顿用坐标和动量作为独立变量,用广义动量 $p = \dfrac{\partial L}{\partial \dot{q}_j}$ 代替 $\dot{q}$ 作为变量,便可从 Lagrange 方程导出哈密顿(Hamilton)正则方程:

$$\begin{cases} \dot{q}_j = \dfrac{\partial H}{\partial p_j}, \\ \dot{p}_j = -\dfrac{\partial H}{\partial q_j}, \end{cases} \quad j = 1, \cdots, n \tag{1.4}$$

式(1.4)中的 Hamilton 函数 $H(\boldsymbol{q},\boldsymbol{p},t) = \sum\limits_{j=1}^{n} \dot{q}_j p_j - L$ 是 Lagrange 函数 $L(\boldsymbol{q},\dot{\boldsymbol{q}},t)$ 的勒让德变换。Hamilton 正则方程虽然比 Lagrange 方程的数目增加了一倍,但微分方程由二阶降为一阶,形式简单并且具有对称性。Hamilton 正则方程在理论上有重要意义,在理论物理的各分支中广泛应用。

哈密顿力学的一个重要运算是泊松括号,对相空间中的任两个函数 $A(\boldsymbol{q},\boldsymbol{p})$ 和 $B(\boldsymbol{q},\boldsymbol{p})$,泊松括号的定义是

$$\{A,B\} = \sum_{j=1}^{n}\left(\frac{\partial A}{\partial q_j}\frac{\partial B}{\partial p_j} - \frac{\partial A}{\partial p_j}\frac{\partial B}{\partial q_j}\right) = \sum_{j=1}^{n}\frac{\partial(A,B)}{\partial(q_j,p_j)} \tag{1.5}$$

泊松括号在量子力学中对应着"对易子"。当 $\{F,G\}=0$ 时,函数 F 与 G 称作相互对合(involution)。利用运动方程式(1.4),可得

$$\frac{\mathrm{d}F}{\mathrm{d}t} = \sum_{j=1}^{n}\left(\frac{\partial F}{\partial q_j}\dot{q}_j + \frac{\partial F}{\partial p_j}\dot{p}_j\right) = \{F,H\} \tag{1.6}$$

因此,力学量 $F(\boldsymbol{q},\boldsymbol{p})$ 是运动积分$\left(\text{不随时间改变},\dfrac{\mathrm{d}F}{\mathrm{d}t}=0\right)$的充要条件是它与哈密顿函数 H 对合。各个运动积分在力学中的重要性并不相同,最为重要的是和时空对称性相关的几个运动积分,由它们表示的量是守恒量,其对应着相应的守恒定律。

哈密顿力学的基本问题是:写出系统的 Hamilton 函数 $H(\boldsymbol{q},\boldsymbol{p},t)$ 后如何求解正则方程式(1.4)。可以用积分求解的系统,称为可积系统。一种求解正则方程的方法是进行特征的正则变换:$(\boldsymbol{q},\boldsymbol{p}) \rightarrow (\boldsymbol{Q},\boldsymbol{P})$。使得用新变量 $\boldsymbol{Q}$、$\boldsymbol{P}$ 表示的 Hamilton 函数为 0。由 $\boldsymbol{Q}$、$\boldsymbol{P}$ 满足的正则方程知,新变量 $Q_j(\boldsymbol{q},\boldsymbol{p},t)$,$P_j(\boldsymbol{q},\boldsymbol{p},t)$,$j=1,\cdots,n$ 全部是常数。通过这种变换,求解 Hamilton 正则变换的问题就变成求解哈密顿-雅可比方程的问题。哈密顿-雅可比方程为

$$\frac{\partial W}{\partial t} + H\left(\boldsymbol{q},\frac{\partial W}{\partial \boldsymbol{q}},t\right) = 0 \tag{1.7}$$

是一阶偏微分方程。哈密顿-雅可比方程解的形式为

$$W = W(q_1,\cdots,q_n;a_1,\cdots,a_n;t) + C \tag{1.8}$$

其中 $a_1,\cdots,a_n$ 是积分常数,也就是新的广义动量;C 是可加常数。当一个系统的 Hamilton 函数不显含时间 t 时,即 $H(\boldsymbol{q},\boldsymbol{p})=E$,$E$ 是系统的总能量。设 $W=S-Et$,式(1.7)就变为

$$H\left(\boldsymbol{q},\frac{\partial S}{\partial \boldsymbol{q}},t\right) - E = 0 \tag{1.9}$$

只要式(1.9)可积,它对应的正则方程也就可积。对于一般力学系统,它的可积性指的是运动方程的可积性。对于有限维度的自治哈密顿系统,它的"可积性"狭义上可以更确切地描述为"刘维尔(Liouville)可积性":一个自由度为 n 的哈密顿系统,如果存在 n 个独立的单值运动积分(守恒量)$I_j(\boldsymbol{q},\boldsymbol{p})$,$j=1,\cdots,n$,且 $\{I_i,I_j\}=0$,则系统是可积的。对于 H 不含时的系统,Hamilton 正则方程求解问题又转化为从偏微分方

程(1.9)求 S 的问题。一类特殊的可积系统是可分离变量的哈密顿系统[4,5]。

1.2.2 哈密顿系统的混沌运动

很多教材会给人一种错误的印象：经典力学中的大多数系统都是可积的。就像绪论中提到的一些例子，实际上绝大多数 2 自由度及以上的保守哈密顿系统都是不可积的，稳定、有规则的经典运动只是一种特例，这与许多教科书中所暗示的相反。而且，一般来说，不可积哈密顿系统都显示为混沌运动。对于绝大多数哈密顿系统，通过解析方法寻找其运动积分很困难，但在数值上可以借助庞加莱截面来区分系统的可积与不可积，尤其是对自由度为 2 的哈密顿系统。本节主要介绍近可积哈密顿系统的混沌运动。近可积哈密顿系统可以看成受微扰的可积系统。

在讨论近可积系统的混沌运动前，先介绍可积保守哈密顿系统的运动。对 $(\boldsymbol{q},\boldsymbol{p})$ 作一个正则变换可得另一组正则共轭变量 $(\boldsymbol{J},\boldsymbol{\theta})$，称作用-角度变量：

$$J_j = \frac{1}{2\pi}\oint p_j \,\mathrm{d}q_j, \quad j=1,\cdots,n$$

$$\theta_j = \frac{\partial S}{\partial J_j}, \qquad j=1,\cdots,n \tag{1.10}$$

变换后的 Hamilton 正则方程为

$$\begin{cases} \dot{\boldsymbol{J}} = -\dfrac{\partial H}{\partial \boldsymbol{\theta}}, \\[2mm] \dot{\boldsymbol{\theta}} = \dfrac{\partial H}{\partial \boldsymbol{J}} \equiv \boldsymbol{\omega}(\boldsymbol{J}) \end{cases} \tag{1.11}$$

对于可积系统来说，刘维尔(Liouville)定理证明，存在共轭坐标 $(\boldsymbol{J},\boldsymbol{\theta})$ 使得哈密顿只含 $\boldsymbol{J}$（$\boldsymbol{J}$ 是运动积分），得

$$\begin{cases} \boldsymbol{J} = \text{constant} \\[1mm] \boldsymbol{\theta} = \boldsymbol{\omega}\cdot t + \boldsymbol{\theta}_0 \end{cases} \tag{1.12}$$

根据式(1.12)可以看出，一个保守系统是在相空间的环面上运动的，这个环面称为不变环面。可积哈密顿系统在相空间环面上作周期或准周期运动。

对于自由度为 n 的系统，周期或准周期的有界运动是以 n 个频率运动在 n 维环面上的。以 $n=2$ 的二自由度系统为例，相空间是四维的，有两组作用-角度变量，J_1、J_2 各给出一组同心圆，θ_1、θ_2 分别是两圆上的转角，转动的角频率分别是 ω_1、ω_2。如果能量是守恒的，则相空间中的运动降为三维的，运动轨迹落在 J_1 为常数的二维环面上，如图 1.4 所示，有

$$\theta_1 = \omega_1 t + \theta_1(0), \quad \omega_1 = \frac{\partial H}{\partial J_1} \tag{1.13}$$

$$\theta_2 = \omega_2 t + \theta_2(0), \quad \omega_2 = \frac{\partial H}{\partial J_2} \tag{1.14}$$

当 $\alpha=\dfrac{\omega_1}{\omega_2}$ 为有理数时,轨道是闭合的,即运动是周期性的,环面由无数条周期轨道组成,称为有理环面;当 $\alpha=\omega_1/\omega_2$ 为无理数时,轨道不会重复,当时间很长时可以无限趋近二维流形上的每一个点,即遍历,这时的环面由无数条准周期轨道组成,称为无理环面。

如果在横截环面的某 θ_2 为常数的庞加莱截面上观察运动,如图 1.4 所示,轨道与该截面在 J_1 等于常数的圆上。一根轨道相继穿过该截面的时间间隔是 $2\pi/\omega_2$,那么这段时间内 θ_1 的改变量为 $\omega_1 \cdot 2\pi/\omega_2 = 2\pi\alpha$。庞加莱截面上点的运动就可以由以下二维映射给出:

$$F(\theta_1, J_1) = (\theta_1 + 2\pi\alpha, J_1) \tag{1.15}$$

α 称为旋转数,如果系统是非线性的,α 的值与 J_1 有关。式(1.15)被称为扭转映射。周期运动的轨迹为这个圆上的有限个点,准周期运动的轨迹则布满整个圆。

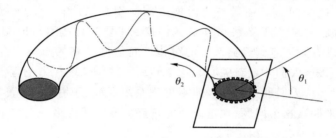

图 1.4　环面上的运动及庞加莱截面示意图

如果系统受到一个足够小的微扰且不可积扰动部分足够光滑,那么它的环面会发生什么变化?对于无理环面,这个答案由 KAM(Kolmogorov-Arnold-Moser)定理给出[6,7]:如果未受微扰的系统满足非退化条件 $\det\left(\dfrac{\partial \omega_i}{\partial J_j}\right) \neq 0$,则当微扰足够小时,近可积系统的运动与可积系统基本相同,大多数轨道仍然限制在发生光滑变形的环面(KAM 环面)上,系统在这些不变环面上保持其原有的准周期运动。不过,只要存在微扰,总会有些轨道逃离不变环面,出现随机的运动。对于 2 自由度的自治哈密顿系统,KAM 环面把混沌运动限制在局部区域内。但对于高自由度的哈密顿系统,可能存在轨道可以扩散到相空间各区域的 Arnold 扩散,使得系统的运动与可积系统显著不同。如果扰动足够大,它将使所有环面受到破坏,系统进入全局混沌。以标准映射为例,最后一个被破坏的环面是对应 $\alpha=(\sqrt{5}-1)/2$ 的"最无理"环面。

对于有理环面,根据 Poincare-Birkhoff 定理,在系统受微扰后,原来的环面分解为无穷嵌套的越来越小的不变环面,在这些稳定的不变环面之间的运动是完全无规则的,形成混沌运动区与规则运动区并存的局面,而且存在无穷嵌套的自相似结构。可以从标准映射的相图上看到环面在系统受到微扰时的这些变化(详见 2.1 节经典受激转子)。

经典系统中,混沌运动的程度特征从低到高排序为:回归的(regressional),如任何哈密顿系统(或保面积映射);遍历的(ergodic),如映射 $x_{n+1}=x_n+b(\mathrm{mod}\ 1)$,$b$ 为无理数;混合的(mixing),如猫映射、面包师映射;相邻轨道指数分离的,如猫映射、Sinai 台球、运动场模型。

1.3　从经典力学到量子力学

混沌运动在经典保守系统中的普遍存在自然导致这样一个问题:这种混沌运动在相应的量子系统中有什么表现? 这就涉及经典量子对应问题,对于可积的哈密顿系统可以通过玻尔-索末菲条件 $\oint p\mathrm{d}q=n\hbar$ 实现量子化。对于不可积的经典系统怎么进行量子化,这个问题早在量子论时期爱因斯坦(1917 年)就已经意识到了。然而,由于这个问题的复杂性及 1925 年后人们找到了更为普适的 Schrödinger 方程,很长一段时间里没有人注意到经典系统的可积性对能谱计算的影响。直到 70 年代受到经典混沌的启发,人们才重新关心起这个问题。然而到现在为止,这个问题并没有明确的答案。目前,人们通过研究经典不可积系统混沌运动的量子表现及其与经典混沌间的联系来探索这个问题,在这条研究道路上发现了许多令人兴奋的结果,这些结果在之后的章节中会陆续提到。

要研究经典不可积系统混沌运动的量子表现,就要比较这个系统的经典描述和量子描述。经典力学向量子力学的过渡可以通过正则量子化方法。在量子力学中,首先需要建立一个由系统的全体状态波函数组成的 Hilbert 空间,然后给出各可观测力学量的量子算符和哈密顿量,写出 Schrödinger 方程,最后求解方程得到能谱与定态波函数。

力学量的算符化通常采用正则量子化方法。考虑一个 N 自由度的力学系统,其中广义坐标为 $\boldsymbol{q}=(q_1,\cdots,q_N)$,相应的广义动量为 $\boldsymbol{p}=\dfrac{\partial L}{\partial \dot{\boldsymbol{q}}}$,其中 $\boldsymbol{p}=(p_1,\cdots,p_N)$。在坐标表象下,Hilbert 空间由波函数 $\boldsymbol{\psi_q}$ 组成。正则量子化把广义坐标 $\boldsymbol{q}$ 和广义动量 $\boldsymbol{p}$ 分别对应成 Hilbert 空间中的算符 $\hat{\boldsymbol{q}}=\boldsymbol{q}$ 和 $\hat{\boldsymbol{p}}=-\mathrm{i}\hbar\dfrac{\partial}{\partial \boldsymbol{q}}$,并且它们满足正则对易关系:

$$[\hat{q}_i,\hat{p}_j]=\mathrm{i}\hbar\delta_{ij}, \quad i,j=1,\cdots,N \tag{1.16}$$

但应注意,这种算符表示式只有在平面坐标系中才正确,相关讨论见参考文献[8]。

量子力学除了 Hilbert 空间的算符表示外,还有个等价的表示形式,即 1942 年 Feynman 创立的路径积分表示[9]。在这个表示中,量子系统的状态也由波函数给出,但描述系统运动的方程不再是微分形式的,而是改为用积分变化(传播子)给出的波函数在有限时间内的演化。路径积分理论通过把波函数的传播子表示成经典路径的作用量泛函的积分,得到量子力学的路径积分表示。由传播子也可以得到该系统的能谱和定态波函数,而且 Feynman 路径积分理论更适合进行经典量子比较,路径积分表示更是直接给出了经典力学中的哈密顿原理[8],使人们对经典力学有了更深的理解。

经典力学用常微分方程描述相空间中相点的运动,而量子力学使用线性偏微分方程描述位形空间中波函数的运动,因此在对同一系统的量子描述和经典描述进行比较时存在一些困难。1932 年,维格纳(Wigner)提出用相空间分布函数表示量子系统的状态[10],使量子力学问题也可以用系综的相空间分布的运动来描述。与经典系综分布不同的是 Wigner 分布可以取负值,这与量子力学中的不确定关系有关。对 Wigner 分布在相空间上中作粗粒平均即得到非负的相空间分布函数[11],Husimi 分布。这个方法在理论和数值计算上比较困难,顾雁等人[12-14]曾给出环面相空间系统(猫映射)的 Wigner 分布和 Husimi 分布(粗粒 Wigner 分布)。

接下来,介绍经典和量子相空间分布的具体描述。在经典统计力学里,系综密度是 $2N$ 维相空间上的一个实函数 $\rho(\boldsymbol{q},\boldsymbol{p})$,满足非负条件:

$$\rho(\boldsymbol{q},\boldsymbol{p}) \geqslant 0 \tag{1.17}$$

和归一条件:

$$\iint \rho(\boldsymbol{q},\boldsymbol{p})\mathrm{d}\boldsymbol{q}\mathrm{d}\boldsymbol{p} = 1 \tag{1.18}$$

力学量 $A(\boldsymbol{q},\boldsymbol{p})$ 的期望值为

$$\langle A \rangle = \iint A(\boldsymbol{q},\boldsymbol{p})\rho(\boldsymbol{q},\boldsymbol{p})\mathrm{d}\boldsymbol{q}\mathrm{d}\boldsymbol{p} \tag{1.19}$$

系综分布 ρ 遵循刘维尔方程:

$$\frac{\partial \rho}{\partial t} = \{H,\rho\} = \sum_{j=1}^{N}\left(\frac{\partial H}{\partial q_j}\frac{\partial}{\partial p_j} - \frac{\partial H}{\partial p_j}\frac{\partial}{\partial q_j}\right)\rho(\boldsymbol{q},\boldsymbol{p}) \tag{1.20}$$

而在量子统计力学里,量子系综用冯·诺依曼(J. von Neumann)密度矩阵 $\hat{\rho} = \sum_j \lambda_j \mid \psi_j \rangle\langle \psi_j \mid$ 表示(这里 $\mid \psi_j \rangle$ 是希尔伯特空间中的一组正交归一态矢),满足非负条件:

$$\hat{\rho} \geqslant 0, \quad \lambda_j \geqslant 0 \tag{1.21}$$

和归一化条件:

$$\mathrm{tr}[\hat{\rho}] = 1, \quad \sum_j \lambda_j = 1 \tag{1.22}$$

量子可观察量 $\hat{A}$ 的期望值为

$$\langle \hat{A} \rangle = \mathrm{tr}[\hat{A}\hat{\rho}] \tag{1.23}$$

量子系综的运动方程则能写成

$$\frac{\partial \hat{\rho}}{\partial t} = \frac{1}{\mathrm{i}\hbar}[\hat{H},\hat{\rho}] \tag{1.24}$$

这里需要引进一个线性映射 W，它把所有的密度矩阵一对一地映射成相空间中的实函数 $W(\hat{\rho}) = W(\boldsymbol{q}, \boldsymbol{p})$。为了使 $W(\boldsymbol{q}, \boldsymbol{p})$ 能够直接给出系统在位形空间和动量空间中的概率分布，要求 $W(\boldsymbol{q}, \boldsymbol{p})$ 函数满足

$$\int W(\boldsymbol{q}, \boldsymbol{p}) \mathrm{d}\boldsymbol{p} = \langle \boldsymbol{q} | \hat{\rho} | \boldsymbol{q} \rangle = \sum_j \lambda_j | \psi_j(\boldsymbol{q}) |^2 \tag{1.25}$$

和

$$\int W(\boldsymbol{q}, \boldsymbol{p}) \mathrm{d}\boldsymbol{q} = \langle \boldsymbol{p} | \hat{\rho} | \boldsymbol{p} \rangle = \sum_j \lambda_j | \psi_j(\boldsymbol{p}) |^2 \tag{1.26}$$

另外，在非相对论性量子力学的情形下，映射需要在伽利略变换下保持不变。可以证明，如果在上述要求之外再加上条件：

$$\iint | W(\boldsymbol{q}, \boldsymbol{p}) |^2 \mathrm{d}\boldsymbol{q} \mathrm{d}\boldsymbol{p} = \frac{1}{(2\pi\hbar)^N} \mathrm{tr}[\hat{\rho}^2] \tag{1.27}$$

则映射 W 就能唯一地确定[15]，结果为

$$\begin{aligned} W(\hat{\rho}) &= W(\boldsymbol{q}, \boldsymbol{p}) \\ &= \frac{1}{(2\pi)^{2N}} \iint \mathrm{tr}[\hat{\rho} \exp\{\mathrm{i}(\boldsymbol{s} \cdot \hat{\boldsymbol{q}} + \boldsymbol{t} \cdot \hat{\boldsymbol{p}})\}] \cdot \exp\{-\mathrm{i}(\boldsymbol{s} \cdot \boldsymbol{q} + \boldsymbol{t} \cdot \boldsymbol{p})\} \mathrm{d}\boldsymbol{s} \mathrm{d}\boldsymbol{t} \end{aligned} \tag{1.28}$$

应用关系式：

$$\begin{aligned} \exp\{\mathrm{i}(\boldsymbol{s} \cdot \hat{\boldsymbol{q}} + \boldsymbol{t} \cdot \hat{\boldsymbol{p}})\} &= \exp\left\{\mathrm{i}\hbar \, \boldsymbol{t} \cdot \frac{\boldsymbol{s}}{2}\right\} \exp\{\mathrm{i}\boldsymbol{s} \cdot \hat{\boldsymbol{q}}\} \exp\{\mathrm{i}\boldsymbol{t} \cdot \hat{\boldsymbol{p}}\} \\ &= \exp\left\{-\mathrm{i}\hbar \, \boldsymbol{t} \cdot \frac{\boldsymbol{s}}{2}\right\} \exp\{\mathrm{i}\boldsymbol{t} \cdot \hat{\boldsymbol{p}}\} \exp\{\mathrm{i}\boldsymbol{s} \cdot \hat{\boldsymbol{q}}\} \end{aligned}$$

以及在 $\boldsymbol{q}$ 表象下的求迹公式：

$$\mathrm{tr}[\hat{A}] = \int \langle \boldsymbol{q} | \hat{A} | \boldsymbol{q} \rangle \mathrm{d}\boldsymbol{q}$$

$W(\boldsymbol{q}, \boldsymbol{p})$ 能改写成

$$\frac{1}{(2\pi)^{2N}} \iiint \left\langle \boldsymbol{q}' \left| \exp\left\{\mathrm{i}\boldsymbol{s} \cdot \frac{\hat{\boldsymbol{q}}}{2}\right\} \exp\{\mathrm{i}\boldsymbol{t} \cdot \hat{\boldsymbol{p}}/2\} \hat{\rho} \exp\{\mathrm{i}\boldsymbol{t} \cdot \hat{\boldsymbol{p}}/2\} \exp\left\{\mathrm{i}\boldsymbol{s} \cdot \frac{\hat{\boldsymbol{q}}}{2}\right\} \right| \boldsymbol{q}' \right\rangle$$

$$\exp\{-\mathrm{i}(\boldsymbol{s} \cdot \boldsymbol{q} + \boldsymbol{t} \cdot \boldsymbol{p})\} \mathrm{d}\boldsymbol{s} \mathrm{d}\boldsymbol{t} \mathrm{d}\boldsymbol{q}'$$

即

$$W(\boldsymbol{q}, \boldsymbol{p}) = \frac{1}{(2\pi)^N} \int \left\langle \boldsymbol{q} + \frac{\hbar \boldsymbol{t}}{2} \left| \hat{\rho} \right| \boldsymbol{q} - \frac{\hbar \boldsymbol{t}}{2} \right\rangle \exp\{-\mathrm{i}\boldsymbol{t} \cdot \boldsymbol{p}\} \mathrm{d}\boldsymbol{t} \tag{1.29}$$

当量子系综为纯态时，有 $\hat{\rho} = |\psi\rangle\langle\psi|$。此时，有

$$W(\boldsymbol{q}, \boldsymbol{p}) = \frac{1}{(2\pi)^N} \int \psi^* \left(\boldsymbol{q} - \frac{\hbar \boldsymbol{t}}{2}\right) \psi\left(\boldsymbol{q} + \frac{\hbar \boldsymbol{t}}{2}\right) \exp\{-\mathrm{i}\boldsymbol{t} \cdot \boldsymbol{p}\} \mathrm{d}\boldsymbol{t} \tag{1.30}$$

这就是 Wigner 引进的描述量子态 $|\psi\rangle$ 的 Wigner 分布。同样地，它满足归一条件：

$$\iint W(\boldsymbol{q}, \boldsymbol{p}) \mathrm{d}\boldsymbol{q} \mathrm{d}\boldsymbol{p} = 1 \tag{1.31}$$

经典力学量 $A(\boldsymbol{q}, \boldsymbol{p})$ 对应的量子可观察量 $\hat{A}$ 的期望值可以表示为

$$\langle \hat{A} \rangle = \mathrm{tr}[\hat{A}\hat{\rho}] = \iint A(\boldsymbol{q}, \boldsymbol{p}) W(\boldsymbol{q}, \boldsymbol{p}) \mathrm{d}\boldsymbol{q}\mathrm{d}\boldsymbol{p} \tag{1.32}$$

Wigner 分布满足的刘维尔方程为

$$\frac{\partial W}{\partial t} = \{H, W\}_{\mathrm{M}} \tag{1.33}$$

其中，$\{\quad\}_{\mathrm{M}}$ 称为 Moyal 符号[16]，当 $\hbar \to 0$ 时与泊松括号含义一致。

可以看到，用相空间分布表示的量子力学有着与经典力学相同的数学结构。这时量子力学与经典力学的区别，除了泊松括号须改成 Moyal 符号外，还有 Wigner 分布可以取负值（这与量子力学中的不确定关系有关）。对 Wigner 分布在相空间上中作粗粒平均即得到非负的相空间分布函数[11]——Husimi 分布。它不像 Wigner 分布那样能直接地给出系统在位形空间和动量空间中的概率分布，但在半经典近似下，Husimi 分布仍能看成描述系统相空间行为的概率分布。

一方面，由于受到不确定关系的限制，量子力学中没有轨道的概念，因而不能长时间地进行"相邻轨道指数分离"的经典量子比较。不确定关系也说明，$2n$ 维的量子相空间中体积为 $\hbar^n$ 的区域内的点是不可分辨的，也就是说，相空间中那些经典混沌但体积小于 $\hbar^n$ 的区域在量子情况下是"不可见的"。另一方面，量子系统的薛定谔方程是线性的。所以对经典混沌的量子系统，当 Planck 常数取有限值时，可能会对混沌产生抑制作用。如量子受激转子系统的动力学局域化现象，量子猫映射系综分布不均匀度增长的抑制现象等。目前，人们普遍认为在现有的量子力学框架内不存在经典意义上的混沌。下节将探讨经典不可积系统混沌运动的量子表现。

1.4　混沌的量子研究及相关进展

量子混沌研究不可积量子系统的运动特征，本文中的不可积是指对应经典系统是不可积的哈密顿系统。不可积哈密顿系统的经典量子对应问题，早在量子力学诞生之初爱因斯坦就已经意识到了，但由于这个问题的复杂性，直至 20 世纪 70 年代，才由 Gutzwiller 用半经典近似方法得到迹公式，把量子系统的态密度与相应经典系统的周期轨道联系起来。20 世纪 80 年代，人们用随机矩阵理论成功预言了量子不可积系统的能谱统计特征。40 年来，人们对不可积小系统的模型进行了大量研究，在系统的动力学演化及定态波函数的研究上有很多重要发现。这些模型主要包括：一维受激转子模型、受激陀螺、Sinai 台球、猫映射等。另外，在近几年对一维受激转子模型的变形模型的研究中，有一些新的重大发现。

1.4.1　量子态密度的迹公式

半经典近似是指把某些量子力学问题用经典量作近似解，这个解在 Planck 常数很小(与系统的经典作用量相比)时能给出正确的结果。半经典方法的结果是用经典物理量表示的,这个特点使它特别适合用来做经典量子比较。1971 年,Gutzwiller[17]用路径积分的半经典近似方法得到迹公式,使人们可以只通过经典系统的轨道得到量子系统的能级,并且这个方法对可积系统和不可积系统都是适用的。迹公式把量子系统的能级表示成对经典周期轨道的求和,由于不可积系统的周期轨道通常是大量的,要全部找出并求和是比较困难的,所以迹公式的实际应用有较大的困难。下面简单介绍迹公式。

一个量子系统的传播子可以用路径积分表示,而传播子的傅里叶变换为格林函数:

$$G(\boldsymbol{q},\boldsymbol{q}',E) = \sum_n \frac{\phi_n^*(\boldsymbol{q}')\phi_n(\boldsymbol{q}')}{E-E_n} \tag{1.34}$$

因为格林函数在实能量轴上的极点位置与留数分别给出了量子系统的能谱与本征函数,所以如果能够算出格林函数的半经典近似表达式,就能由此得到所研究系统的全部能量本征值与能量本征函数。但除了少数简单的量子系统外,计算格林函数是极其困难的,于是人们试图求解能级密度。对式(1.34)求迹得态密度:

$$\rho(E) = \sum_j \delta(E-E_j) = -\frac{1}{\pi} \mathrm{Im} G(\boldsymbol{q},\boldsymbol{q}',E) \tag{1.35}$$

用数学中的稳相近似(stationary phase approximation)可以得到半经典近似的格林函数 $G_{\mathrm{sc}}(\boldsymbol{q},\boldsymbol{q}',E)$,可以将式(1.35)右端表示成对经典周期轨道求和,就得到迹公式。迹公式左边是量子系统格林函数的迹:

$$g(E) = \sum_j \frac{1}{E-E_j} \tag{1.36}$$

右边是 $g(E)$ 的半经典近似结果 $g_C(E)$,写成对对应经典系统周期轨道的求和:

$$g_C(E) = \sum_v A_v \exp\left(\frac{\mathrm{i}L_v}{\hbar} + \frac{\mathrm{i}\lambda_v\pi}{2}\right) \tag{1.37}$$

振幅 A_v 反映了每条周期轨道的稳定性;相位与周期轨道的长度 L_v 和 Morse 指数 λ_v 有关。它们都是经典的量。

对格林函数求迹,即对格林函数在位形空间中起点和终点相同的路径做积分,即考虑位形空间中闭合轨道的贡献。而稳相近似意味着起点与终点的动量也是相同的,也就是考虑相空间中闭合轨道即周期轨道的贡献。量子系统的能级可以很容易地表示成格林函数的迹,这样能级就可以用经典周期轨道的求和表示。迹公式把量子系统和经典周期轨道联系了起来。

1967 年,Gutzwiller 算出氢原子的半经典近似格林函数,不仅给出了完全正确的束缚态能级,还给出了束缚态波函数[18]。此外,迹公式也在某些混沌系统上被验证是适用的,如自由粒子在有常数负曲率的紧黎曼面上的运动[18,19]以及各向异性的开普勒系统[18,20]。但对于大部分系统,在用迹公式算不可积系统中不稳定周期轨道的贡献时,遇到的一个困难是不可积系统中不稳定周期轨道的数目随周期增大而呈指数型发散,且长周期轨道在计算上存在较大困难,用迹公式求解系统的能级非常困难。

1.4.2 不可积哈密顿系统的动力学演化特征

不可积哈密顿系统的混沌运动是很复杂的,在理论分析和数值计算上都存在较大困难。所以,对不可积哈密顿系统的动力学研究的主要成果都是在对小的模型系统的研究中获得的,这类模型主要有猫映射、一维受激转子系统及其变形系统等。人们研究这些不可积量子系统的动力学特征并与对应的经典系统进行比较。经典混沌运动主要表现为轨道的初值敏感性,即相空间中相邻轨道指数分离的特性,因此量子的动力学特征在短时间内与经典对应得较好而长时间的表现有很大差别,如下文中出现的不均匀度增长的量子抑制、粗粒熵长时间的无规振荡行为、角动量混沌扩散的抑制现象等。

当通过量子经典比较研究混沌现象时,最合适的量子力学描述是 1.3 节中提到的相空间分布表示。在系综运动层面上,人们把量子系统相空间中的 Wigner 分布的运动与经典统计力学中非平衡系综分布的运动作比较。那么,处于非平衡态的保守系统一般要趋向平衡态,在这个过程中系综分布是如何变化的? Gibbs 曾用一个形象的例子说明了相空间中非平衡分布趋向平衡分布的过程:向一杯清水中滴一滴墨汁,然后搅拌它。这个搅拌的过程可以从两个不同角度来描述:宏观上,搅拌使原本不均匀的混合物变得均匀,墨汁的粗粒分布也从不均匀趋向均匀;微观上,由于保守系统相体积保持不变,搅拌使原本形状较整齐的墨汁被拉伸成越来越细的丝状,对墨汁来说它的细粒分布越来越不均匀。宏观上用"粗粒熵"来度量系综分布,微观上用"不均匀度"来度量 Wigner 分布。

下面讨论经典系统相空间分布的粗粒熵及不均匀度。设相空间中光滑的密度分布函数为 $\rho(\boldsymbol{x})$,定义它的粗粒分布为

$$\rho_{\epsilon}(\boldsymbol{x}) = \int \delta_{\epsilon}(\boldsymbol{y})\rho(\boldsymbol{x}-\boldsymbol{y})\mathrm{d}\boldsymbol{y} \tag{1.38}$$

其中,$\delta_{\epsilon}(\boldsymbol{x})$ 是线度为 ϵ 的粗粒化因子,一般设该因子是高斯型的,即

$$\delta_{\epsilon}(\boldsymbol{x}) = \frac{1}{(\pi\epsilon^2)^N}\exp\left\{-\frac{|\boldsymbol{x}|^2}{\epsilon^2}\right\} \tag{1.39}$$

对 $\rho(\boldsymbol{x})$ 做傅里叶变换得到它的特征函数:

$$\varphi(\boldsymbol{z}) = \int \exp\{\mathrm{i}\boldsymbol{x}\cdot\boldsymbol{z}\}\rho(\boldsymbol{x})\mathrm{d}\boldsymbol{x} \tag{1.40}$$

则粗粒分布 $\rho_{\epsilon}(\boldsymbol{x})$ 的特征函数为

$$\varphi_{\epsilon}(\boldsymbol{z}) = \exp\left\{-\frac{\epsilon^2|\boldsymbol{z}|^2}{4}\right\}\cdot\varphi(\boldsymbol{z}) \tag{1.41}$$

定义粗粒分布 $\rho_{\epsilon}(\boldsymbol{x})$ 的熵为

$$S(\rho) = -\ln\left(\int|\rho(\boldsymbol{x})|^2\mathrm{d}\boldsymbol{x}\right) = -\ln\left(\int|\varphi(\boldsymbol{z})|^2\mathrm{d}\boldsymbol{z}\right) + 2N\ln(2\pi) \tag{1.42}$$

它描述分布在相空间中的分散程度。由刘维尔定理知,细粒熵 $S(\rho)$ 不随时间变化。由上述定义可得

$$S(\rho_\epsilon) - S(\rho) = \ln\left[\frac{\int |\varphi(z)|^2 \mathrm{d}z}{\exp\left\{-\frac{\epsilon^2 |z|^2}{2}\right\} |\varphi(z)|^2 \mathrm{d}z}\right] > 0 \tag{1.43}$$

式(1.43)说明"粗粒化"使分布的熵增大了。按照 Gibbs 描述的系综分布趋于平衡运动的图像:相空间内的初始系综均匀地分布于一小区域内,随着时间的增长,系综分布的形状变得越来越细,并向其他区域扩散,粗粒熵与细粒熵的差 $\Delta S = S(\rho_\epsilon^t) - S(\rho^t)$ 就越来越大。当系综分布扩散到一定程度后,分布的非均匀尺度(丝的平均距离)小于粗粒尺度 ϵ 时,粗粒熵便不再增大,即达到极大值(平衡态)。之后,虽然非均匀尺度还会减小,但 ΔS 不再增大。

把粗粒熵 ρ_ϵ 对 ϵ 展开:

$$S(\rho_\epsilon) = S(\rho) + \epsilon^2 h(\rho) + o(\epsilon^2) \tag{1.44}$$

其中:

$$h(\rho) = \frac{\sum_{j=1}^{2N} \int \left|\frac{\partial \rho(x)}{\partial x_j}\right|^2 \mathrm{d}x}{2\int |\rho(x)|^2 \mathrm{d}x} = \frac{\int |z|^2 |\varphi(z)|^2 \mathrm{d}z}{2\int |\varphi(z)|^2 \mathrm{d}z} \tag{1.45}$$

可以看出 $h(\rho)^{-1/2}$ 具有距离的量纲,表示 $\rho(x)$ 在相空间中起伏变化的平均距离。这个距离越小,说明 $\rho(x)$ 在相空间中分布越不均匀,所以把 $h(\rho)$ 称为分布 $\rho(x)$ 的不均匀度。从 Gibbs 的图像描述可知,在趋于平衡的过程中不均匀度 $h(\rho)$ 随时间增长。顾雁证明了不均匀度 $h(\rho)$ 随时间的增长与系统 Lyapunov 指数有关系[13]:$h(\rho)$ 的指数增长率等于系综中所有系统的最大 Lyapunov 指数的上确界的两倍。相对于粗粒熵,不均匀度更能反映混沌运动对初值敏感的特征。对于有界的保守哈密顿系统,系统混沌的充要条件是相空间分布的不均匀度随时间的指数增长。

接下来探究量子系统的相空间分布——Wigner 分布的不均匀度,及它在混沌运动与规则运动中的不同规律。Wigner 分布的粗粒分布和熵的定义与经典系统类似:

$$W_\epsilon(x) = \int \delta_\epsilon(y) W(x - y) \mathrm{d}y \tag{1.46}$$

$$S(W) = -\ln\left(\int |W(x)|^2 \mathrm{d}x\right) = -\ln\left(\int |\varphi(z)|^2 \mathrm{d}z\right) + 2N\ln(2\pi) \tag{1.47}$$

其中,$\varphi(z)$ 是 Wigner 分布的傅里叶变换。将 Wigner 分布的粗粒熵展开即可定义量子的 Wigner 分布的不均匀度:

$$S(W_\epsilon) = S(W) + \epsilon^2 h(W) + o(\epsilon^2) \tag{1.48}$$

$$h(W) = \frac{\sum_{j=1}^{2N} \int \left|\frac{\partial W(x)}{\partial x_j}\right|^2 \mathrm{d}x}{2\int |W(x)|^2 \mathrm{d}x} = \frac{\int |z|^2 |\varphi(z)|^2 \mathrm{d}z}{2\int |\varphi(z)|^2 \mathrm{d}z} \tag{1.49}$$

$h(W)$ 即 Wigner 分布的不均匀度。根据 Wigner 分布的定义,不均匀度可以用密度矩阵表示成

$$h(W) = -\frac{1}{2\,\hbar^2\,\mathrm{tr}[\hat{\rho}^2]}\sum_{j=1}^{N}\mathrm{tr}\big[[\hat{q}_j,\hat{\rho}]^2 + [\hat{p}_j,\hat{\rho}]^2\big] \tag{1.50}$$

对任意两个厄米算符,有不等式:

$$-\mathrm{tr}[[\hat{A},\hat{B}]^2] = 4\mathrm{tr}[\hat{A}^2\hat{B}^2] - \mathrm{tr}[(\hat{A}\hat{B}+\hat{B}\hat{A})^2] \leqslant 4\mathrm{tr}[\hat{A}^2\hat{B}^2] \tag{1.51}$$

所以,不均匀度需满足不等式:

$$h(W) \leqslant \frac{2}{\hbar^2\,\mathrm{tr}[\hat{\rho}^2]}\sum_{j=1}^{N}\mathrm{tr}[\hat{\rho}^2(\hat{q}_j^2 + \hat{p}_j^2)] \tag{1.52}$$

对于有界的量子系统,式(1.52)右边有上界,量子不均匀度有最大值,不能像经典不均匀度那样随时间一直增长。相空间分布的不均匀度在有界量子系统中只能在有限时间内指数增长。这个结果也能由不确定关系得到。若用 D 表示相空间中系统运动的范围,由不确定关系得相空间中可分辨的最小距离为 $\delta D \approx \dfrac{\hbar}{D}$。而 $\dfrac{1}{\sqrt{h(W)}}$ 可以看成 Wigner 分布在相空间中发生起伏变化的平均距离,它应该不小于可分辨的最小距离 δD,所以 $h(W) \leqslant \dfrac{D^2}{\hbar^2}$。这个式子与不均匀度需满足的不等式(1.52)是一致的,由此可以估计出量子系统不均匀度呈指数增长的时间。设系统在 $t=0\sim\tau_E$ 时间内 $h(W(t))$ 呈指数增长,有

$$h(W(t)) \approx C\exp\{\alpha\tau_E\} \leqslant \frac{D^2}{\hbar^2} \tag{1.53}$$

其中,α 为指数增长率,C 为常数。可得经典混沌的量子系统能够呈现指数型局部不稳定性的时间尺度(Ehrenfest 时间尺度):

$$\tau_E \sim \frac{2}{\alpha}\ln\left(\frac{D}{\hbar\sqrt{C}}\right) \tag{1.54}$$

人们把这个时间限制称为“对数时障”[21]。虽然量子不均匀度的指数增长受这个时间的限制,但在半经典极限下总可以使 τ_E 足够大,因此能通过研究相空间分布不均匀度在半经典极限下的行为来观察该量子系统的运动是否混沌。

下面举例介绍 Arnold 猫映射相空间分布的粗粒熵和不均匀度的结果。Arnold 猫映射是一个简单的离散系统,是二维环面上的双曲型的线性自同构映射。它在相空间中拉伸和“折叠”轨迹,这是混沌过程的另一个典型特征。这个简单系统的混沌运动可以用一张猫脸来形象显示。如果在相空间中放一张猫脸的照片,通过观察猫脸是如何被拉伸、切割后被放回相空间的,就可以看到这个系统的演化。所以,这个映射被人们称为“猫映射”。如图 1.5 所示,通常情况下,最初非常接近的任何点在重复应用地图后很快就会彼此分离。

图 1.5　Arnold 猫映射的混沌运动

系统的哈密顿函数为

$$H = \frac{1}{2}\boldsymbol{p}^2 + \frac{K}{2}\boldsymbol{q}^2 \sum_{m=-\infty}^{\infty} \exp\{i2\pi mt\} \tag{1.55}$$

$\sum_{m=-\infty}^{\infty} \exp\{i2\pi mt\}$ 是单位周期的 δ 函数列。让 $|\boldsymbol{q}| \leqslant \frac{1}{2}$、$|\boldsymbol{p}| \leqslant \frac{1}{2}$，将两对边分别黏合构成环面，即为系统的相空间。由正则方程可得

$$\begin{pmatrix} q_{k+1} \\ p_{k+1} \end{pmatrix} = \begin{pmatrix} 1-K & 1 \\ -K & 1 \end{pmatrix} \begin{pmatrix} q_k \\ p_k \end{pmatrix} (\mathrm{mod}\ 1) \tag{1.56}$$

其中，q_k、p_k 分别表示 k 时刻的 $\boldsymbol{q}$、$\boldsymbol{p}$ 值。通过稳定性分析知：当 $|K-2|>2$、$|K-2|=2$ 和 $|K-2|<2$ 时，系统分别为双曲映射、抛物映射和椭圆映射。当 $K=0$ 时，系统为抛物映射，是一个可积系统。Arnold 讨论的猫映射是 $K=-1$ 的双曲映射，它所有的有理点都属于不稳定的周期轨道，所有的无理点都属于混沌轨道，所以猫映射是一个做遍历混沌运动的硬混沌系统。

由相空间分布不均匀度的定义式(1.45)，通过计算可以得到映射式(1.56)在 $K=0$ 时的不均匀度 $h(\rho^k)$ 是 k 的二次函数；在 $K=-1$ 时不均匀度 $h(\rho^k)$ 是 k 的指数函数，其增长率正好等于猫映射的最大 Lyapunov 指数 $\ln\lambda_1$ 的两倍[13]。而粗粒熵的演化过程可以分成 3 段：当 k 足够小或足够大时，粗粒熵基本不变，分别约等于零时刻的粗粒熵和平衡时的粗粒熵；当 k 处于这两段的中间时，抛物映射的粗粒熵呈对数增长，而猫映射的粗粒熵随时间呈线性增长，增长率等于猫映射的最大 Lyapunov 指数。图 1.6 显示出了可积的抛物映射($K=0$，图 1.6 中虚线)和不可积经典映射(混沌的猫映射)($K=-1$，图 1.6 中实线)的不均匀度及粗粒熵的数值结果。其中，初始分布为宽度取 0.003 989 的高斯型分布，粗粒化因子 ϵ 取 0.000 4。

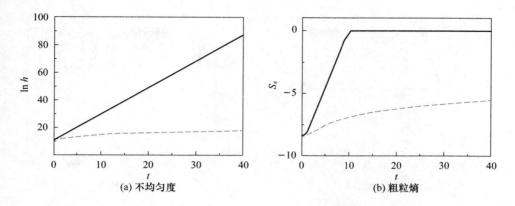

图 1.6 可积和不可积经典映射的不均匀度和粗粒熵的数值结果

接下来讨论映射式(1.56)对应的量子系统。经典系统的相空间为单位二维闭曲面,对应的量子系统态空间的维度 N 应该是有限的,且维数 N 与普朗克常数 $\hbar$ 满足关系:

$$N=\frac{1}{2\pi\hbar} \tag{1.57}$$

量子系统 Wigner 分布的不均匀度和粗粒熵的数值结果如图 1.7 所示。其中实线为 $K=-1$ 时猫映射的量子不均匀度和量子粗粒熵的结果,从上(灰色)到下(黑色)态空间的位数分别取 10^6 和 10^5;点画线是经典猫映射的对应结果;虚线是 $K=0$ 抛物映射对应的量子(经典)结果。对于 $K=0$ 的可积系统,经典、量子不均匀度完全一样(图 1.7(a)中虚线)。而对于混沌系统,如猫映射,量子不均匀度(图 1.7(a)中实线)演化在 $t<\tau_E(N)$ 时与经典(图 1.7 中点画线)相同,呈指数型增长;当 $t>\tau_E(N)$ 时,量子不均匀度达到饱和。与之前的讨论一致,这里的 $\tau_E(N)$ 就是对数时障,可以估算出 $\tau_E(N)\approx\dfrac{\ln(4\pi aN)}{\ln\lambda_1}$($a$ 为高斯分布的宽度,λ 为猫映射的最大本征值)。当 $N=10^5$ 和 10^6 时,τ_E 分别为 8.8 和 11.2,与图 1.7(a)的数值结果基本一致。且不均匀度达到饱和时的值与初始分布的选取无关。可以看到,量子系统有限的 $\hbar$ 使得混沌系统不均匀度的增长受到抑制,混沌运动受到抑制。此外,量子系统的粗粒熵也表现出区别于经典系统的行为。猫映射的量子粗粒熵如图 1.7(b)所示,在达到饱和前与经典粗粒熵并无区别,但量子粗粒熵饱和后长时间在小于 0 又趋于 0 的范围内做无规则振荡。量子粗粒熵这个无规则振荡现象并没有经典对应,可以把它当成量子混沌运动特有的一种动力学行为。文献[22]对这个无规则行为有进一步的研究。

从相空间分布运动来看,量子效应对不均匀度的增长有抑制作用。从角动量(能量)空间的扩散来看,也存在一个量子抑制现象,该现象最早是在一维受激转子系统(标准映射)中被发现的[23]。Casati 等人在数值计算该模型的平均动能随时间的演化时发现,一般情况下(有效 Planck 常数 $\tilde{\hbar}$ 是 π 的无理数倍时),当经典系统的混沌参数 K 足够大时,量子一维受激转子的能量扩散在小于 τ_D 的时间内与对应经典扩

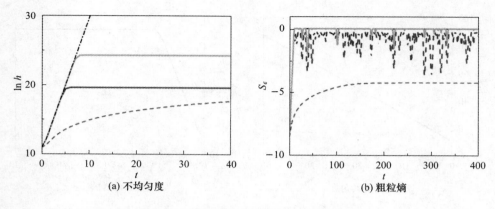

图 1.7　量子不均匀度和粗粒熵的数值结果

散一致,当时间超过 τ_D 时量子能量扩散受到了明显的抑制。转子的能量长时间在某个值附近平稳的振荡[24,25]。

　　另一个表征量子混沌动力学的工具是非时序关联函数(Out-of-Time Ordered Correlator,以下简称 OTOC)。OTOC 首次被 Larkin 和 Ovchinnikov 提出[26],在半经典极限下 OTOC 的指数增长率与 Lyapunov 指数密切相关[26-28],它可以用来表征量子系统的混沌特性。OTOC 的一般定义为

$$C(t)=-\langle[\hat{W}(t),\hat{V}(0)]^2\rangle \tag{1.58}$$

其中,$\hat{W}$、$\hat{V}$ 是零温单点函数。当 $\hat{W}$ 和 $\hat{V}$ 分别为坐标算符和动量算符时,在半经典极限下对易可以写成泊松括号,可得在短时间内 $C(t)\sim\hbar^2 e^{2\lambda t}$,其中 λ 被证明和 Lyapunov 指数对应,且指数增长的特征时间为 Ehrenfest 时间。近 5 年来,量子系统 OTOC 的演化指数增长率有上限的猜想[27]使混沌动力学经典量子对应的研究又迎来广泛关注。这个猜想在一个可解混沌模型(SYK model)上得到验证[28,29],最新的成果证明在混沌多体量子系统中这个增长率的上限可以直接来自本征态热化假说[30]。OTOC 不仅可以表征量子蝴蝶效应,也可以描述量子系统中的信息置乱(information scrambling)[27,31,32]以及强相互作用系统与引力系统间的全息二象性(holographic duality)[33]。除此之外,OTOC 体现了系统对微扰的反应及产生的混沌行为,它与 Loshmidt Echo[34]及第二 Renyi 熵[35]也有联系。这些密切相关的性质使得量子混沌、量子系统的热化、多体局域化、量子信息等多个领域互相联系和促进。对 OTOC 的研究正在爆发式发展,很快,量子系统相干操控的不断发展使人们在量子模拟实验上实现了对两个不同 Ising 系统的 OTOC 观测[36,37]。此外,人们也在更多系统中探索观测 OTOC 的实验方案[34]。总之,OTOC 的研究相当广泛,影响深远。

　　量子不可积系统具有丰富的动力学现象,尤其是一维受激转子系统及其变形系统,40 多年来不断有新的进展和发现。对于一维受激转子及其变形系统的研究将在下一章中细致地介绍。

1.4.3　不可积哈密顿系统的能谱统计特征

能谱统计特征在一定程度上可以反映动力学的特性,这就如同"听音辨鼓"之类的"逆问题"一样。本节讨论量子不可积哈密顿系统的能谱统计方面的进展。人们把保守系统的量子能谱分解成规则谱和不规则谱。规则谱反映半经典极限下系统在经典相空间中的规则运动,不规则谱则对应混沌运动。当一个量子系统受到外界的弱扰动时,不规则谱对外界扰动的敏感性比规则谱大,这无疑是经典混沌的一种量子表现。然而,跃迁矩阵元的实际计算很不方便,而且不规则谱的能级分布没有明显的规律,所以人们用统计方法来刻画规则谱与不规则谱的特征,研究量子不可积系统与量子可积系统在能谱统计性质方面的差异。这里,首先讨论能级分布的统计描述,然后通过可积系统与不可积系统的能谱统计特征,介绍人们在能谱统计特征中发现的混沌的量子表现。

有界保守量子系统的能谱为非递减序列,可以用能级密度函数 $\rho(E) = \sum_j \delta(E - E_j)$ 进行完全描述。不同系统具有不同的能级分布,但存在一些普适的统计特征,其中的某些特征与系统是否混沌有着密切关系。通常,把系统的能级密度函数写为 $\rho(E) = \overline{\rho(E)} + \delta$,其中 $\overline{\rho(E)}$ 为光滑的平均能级密度函数。对于一些简单的量子系统,平均能级密度函数可以算出,如前文提到的"台球"系统,它的平均能级密度由著名的外尔公式给出[18]:

$$\overline{\rho(E)} = \frac{mA}{2\pi\hbar^2} - \frac{L}{4\pi}\sqrt{\frac{2m}{\hbar^2 E}} \tag{1.59}$$

其中,A 是台球边界所围的面积,L 是边界的长度。平均能级密度与台球系统的边界形状无关,而系统是否可积与台球系统的边界形状密切相关。所以,为了研究混沌与否对能谱统计特征的影响,要研究的量不是平均能谱密度而是能谱涨落,即能谱相对于其平均密度的涨落。

描述能谱涨落的一个重要统计量是能级间距分布 $P(s)$。为了消除平均能谱密度的影响,人们在计算能谱涨落时,通常要做"展平"(unfolding),即做一标度变换 $\varepsilon = \overline{N(E)}$。$\overline{N(E)}$ 是平均谱密度,通常取 $N(E)$ 多项式展开的前几项。展平后,即采用 ε 坐标后,从小到大进行排序得到新的能谱序列 ε_n,能谱统计分析的是 ε_n 序列的性质。描述能谱涨落的一个主要统计量是能级间距 $s_n = \varepsilon_{n+1} - \varepsilon_n$ 的分布函数 $P(s)$。展平后,能级间距分布满足条件:

$$\int_0^\infty sP(s)\mathrm{d}s = 1 \tag{1.60}$$

能级间距分布 $P(s)$ 的具体形式跟能谱上邻近能级间的关联性有关。设在能级 ε_j 右边长度为 s 的区间内没有能级的条件下,在其之后长度为 $\mathrm{d}s$ 的区间 $(\varepsilon_j+s, \varepsilon_j+s+\mathrm{d}s)$ 内有一个能级的条件概率为 $r(s)\mathrm{d}s$,则有

$$r(s)\mathrm{d}s = \frac{P(s)\mathrm{d}s}{1-\int_0^s P(s')\mathrm{d}s'} \tag{1.61}$$

即

$$P(s)\mathrm{d}s = \frac{r(s)\mathrm{d}s}{1-\int_0^s P(s')\mathrm{d}s'} \tag{1.62}$$

由上式可得

$$\frac{\mathrm{d}P(s)}{\mathrm{d}s} = \left[\frac{1}{r(s)}\frac{\mathrm{d}r(s)}{\mathrm{d}s} - r(s)\right]P(s) \tag{1.63}$$

解得

$$P(s) = Cr(s)\exp\left\{-\int_0^s r(s')\mathrm{d}s'\right\} \tag{1.64}$$

对于一个随机谱,能级排列是完全无规则的,即相邻能级间没有关联,所以 $r(s)$ 是与 s 无关的常数,则

$$P(s) = \exp\{-s\} \tag{1.65}$$

即随机谱的能级间距分布 $P(s)$ 是泊松分布。

人们曾猜测复杂系统的能级排列是随机的,能级间距分布应满足泊松分布。20 世纪 50 年代研究复杂核的实验数据也大致符合这个猜测。但随着实验上能谱分辨度的提高,人们发现相邻能级间存在排斥现象,并不像泊松分布($P(0)\rightarrow 1$)那样。后来,Wigner 和 Dyson 提出了随机矩阵理论[38,39],其前提假设为系统的哈密顿矩阵元(而不是能量本征值)是随机变量。随机矩阵理论指出:对不具有时间反演不变性的系统,对应的系综分布为高斯幺正系综(GUE),能谱间距分布满足 GUE 型 Wigner-Dyson 分布 $P_{\mathrm{GUE}}(s) = \frac{32}{\pi^2}s^2 e^{-4s^2/\pi}$;对具有时间反演不变性且 $T^2 = I$ 的系统,对应哈密顿算符的矩阵元满足高斯正交系综(GOE)分布,能谱间距满足 GOE 型 Wigner-Dyson 分布 $P_{\mathrm{GOE}}(s) = \frac{\pi}{2}se^{-\pi s^2/4}$;对具有时间反演不变性且 $T^2 = -I$ 的系统,对应哈密顿算符的矩阵元满足高斯辛系综(GSE)分布,能谱间距满足 GSE 型 Wigner-Dyson 分布 $P_{\mathrm{GSE}}(s) = \frac{2^{18}}{3^6\pi^3}s^4 e^{-64s^2/9}$(详细可参考综述[40])。这些结果显示 $P(0)\rightarrow 0$,很好地解释了能谱的排斥现象。

由于能级间距分布 $P(s)$ 并不反映能级之间存在的长程关联,因此 Dyson 和 Mehta[41]引进了刻画能级长程关联的统计量:平均谱刚度 $\bar{\Delta}_3(L)$。谱刚度的定义如下:

$$\Delta_3(L,\alpha) = \frac{1}{L}\min_{a,b}\int_\alpha^{\alpha+L}[N(\varepsilon)-a\varepsilon-b]^2\mathrm{d}\varepsilon \tag{1.66}$$

其中,a 和 b 是使直线 $a\varepsilon+b$ 在 $\alpha<\varepsilon<\alpha+L$ 区间内得到阶梯函数 $N(\varepsilon)$ 的最佳拟合。

对于谐振子能谱,$\varepsilon_j=j+\dfrac{1}{2}$,可以计算得 $\Delta_3=\dfrac{1}{12}$。对于一般系统的能谱,Δ_3 一般与 α 的选取有关,可以对 α 求平均得到平均谱刚度 $\bar{\Delta}_3(L)$。它反映的是阶梯函数 $N(\varepsilon)$ 的涨落,如果 $\bar{\Delta}_3(L)$ 较小,则能谱的刚度较强,能级之间也有较强的长程关联。对于满足泊松分布的随机谱,其平均谱刚度 $\bar{\Delta}_3(L)=\dfrac{L}{15}$。对于满足 GOE 统计的能谱,人们算得当 $L\geqslant15$ 时有

$$\bar{\Delta}_3(L,\alpha)\approx\frac{1}{\pi^2}(\ln L-0.068\ 7) \tag{1.67}$$

所以,满足 GOE 统计的谱的刚度介于刚度最强的谐振子谱与刚度最弱的随机谱之间。除了谱刚度,另一个常用的长程统计量是能级数方差:

$$\Sigma^2(L)\approx\langle\,|\,n(\alpha,L)-L\,|^2\,\rangle_{AV} \tag{1.68}$$

其中,$n(\alpha,L)$ 是 $\alpha<\varepsilon<\alpha+L$ 时的能级数,$\langle\ \ \rangle_{AV}$ 可以是对 α 的平均,也可以是对 α 的系综平均。$\bar{\Delta}_3(L)$ 与 $\Sigma^2(L)$ 之间存在关系[42]:

$$\bar{\Delta}_3(L)=\frac{2}{L^4}\int_0^L(L^3-2L^2r+r^4)\Sigma^2(r)\mathrm{d}r \tag{1.69}$$

接下来讨论可积系统和不可积系统的能谱统计特征有何区别。可积系统的能级间距分布的结果由 Berry 和 Tabor 在 1977 年发表的论文[43]中给出。Berry 和 Tabor 在理论上从可积系统态密度的迹公式出发,得到在半经典极限下,自由度大于 1 的可积系统的能级间距满足泊松分布,即 $P(s)=\exp\{-s\}$。他们在该论文中还指出经典做规则运动的量子系统的能谱(规则谱)与经典做不规则运动的量子系统的能谱(不规则谱)分别具有能级凝聚($P(0)=1$)与能级排斥($P(0)=0$)的特征。所以,可以根据能级间距分布 $P(s)$ 区分规则谱与不规则谱。

长方形台球(二维无限深势阱)是一个可积系统。它的能谱为 $\varepsilon=\gamma m^2+n^2$,其中 γ 是长方形长与宽之比的平方。图 1.8 示出了系统前 10^6 个能级的能级间距分布 $P(s)$ 的数值结果(阶梯实线)与泊松分布 $P(s)=\mathrm{e}^{-s}$(虚线)吻合得很好。自由度大于 1 的可积系统的能级间距满足随机谱的泊松分布的这个结果与维度之间的独立性有关。一个 N 自由度的可积系统有 N 个作用变量,半经典量子化条件给出了作用量空间中的一个正方格子。因此,可积系统的能级积累密度 $N(\varepsilon)$ 在半经典极限下就等于作用量空间内被能曲面包围的那部分格子的格子数。当能量 E 增大时,随着能曲面所包围区域的增大,新能级相继出现。如果系统的自由度 $N\geqslant2$,则能曲面相继碰上的那些格点一般处在不同方向上,所以除能面是超平面(谐振子)的情形外,相继出现的 2 个能级之间并不存在明显的关联,表现出一定的随机性。所以,$N\geqslant2$ 的可积系统的能级间距分布是泊松分布。

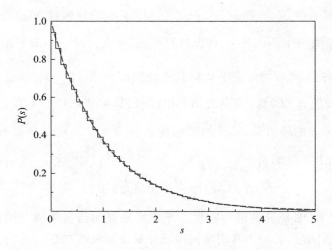

图 1.8　长方形台球的前 10^6 个能级的能级间距分布 $P(s)$

　　可积系统的能级间距服从泊松分布,与随机谱的结果一样。那么可积系统的规则谱是否在统计性质上等价于随机谱? Casati 等人研究了在长方形边界内运动的二维台球系统的能谱的统计性质,并将其与随机谱的统计结果作比较[44]。他们计算了平均谱刚度 $\bar{\Delta}_3(L)$,能级的取样范围为 $10\ 000 < \varepsilon - L < 11\ 000$ 和 $20\ 000 < \varepsilon - L < 21\ 000$。长方形台球的平均谱刚度如图 1.9 所示,该二维长方形台球(可积)系统的 $\bar{\Delta}_3(L)$ 结果(空心圆点和实心方点分别代表能级取样范围为 $10\ 000 < \varepsilon - L < 11\ 000$ 和 $20\ 000 < \varepsilon - L < 21\ 000$ 的平均谱刚度数值)与随机谱 $\bar{\Delta}_3 = L/15$ 的结果(图 1.9 中直线)在 L 较大的区域中竟有明显偏离。这表明可积系统的能谱虽然没有近程关联但可能有长程关联,在统计意义上可积系统的规则能谱与随机谱之间还是有不可忽视的差异。

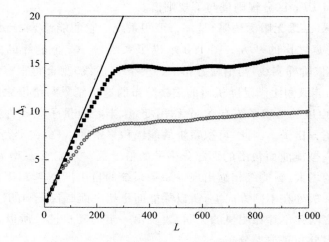

图 1.9　长方形台球的平均谱刚度

　　对于不可积系统的能谱统计特征,由于大部分不可积系统都是规则运动与混沌并存的混合型系统,所以在研究系统的能谱统计特征时应先把能谱中的规则部分和不规则部分分开。人们对不规则谱进行了很多研究。1982 年,Haq 等人[46]首先分析了多种原子核共振能级的实验数据,发现能级间距分布函数和平均谱刚度的结果与无规矩阵理论中的 GOE 谱的结果惊人的一致。1984 年,Bohigas、Giannoni 和 Schmit[45]研究了一个模型系统——Sinai 台球,这个系统的经典对应系统是做遍历混沌运动的,其结果如图 1.10 所示。可以看到,这个混沌系统的能谱涨落与 GOE 谱的结果是高度一致的,GOE 谱的能级间距分布函数遵从 Wigner-Dyson 分布:
$P_{\text{GOE}}(s) = \dfrac{\pi}{2} s e^{-\pi s^2/4}$。后来,人们对一些原子核分子谱及其他一些模型系统能谱的统计分析在不同程度上也显示出与 GOE 谱相一致的结果。随机矩阵理论如此成功,所以人们猜测,GOE 谱的能谱涨落特征是一种普遍特征,它是系统混沌的一种表现。这是基于很多实验和模拟结果的猜测。Heusler 等人于 2007 年发表了一篇关于"Bohigas-Giannoni-Schmit"猜想的半经典解释的论文[47]从理论上支持混沌系统的能谱涨落是具有普适性的。

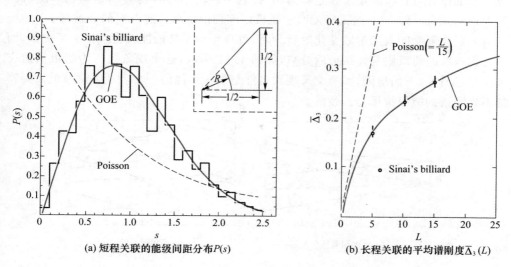

(a) 短程关联的能级间距分布 $P(s)$　　　　(b) 长程关联的平均谱刚度 $\bar{\Delta}_3(L)$

图 1.10　Sinai 台球的能谱涨落[45]

　　但是,在众多研究中人们也发现了不符合这个猜想的例子,如各向异性开普勒系统[48]的平均谱刚度的结果:当关联长度 L 较大时,系统谱刚度与 GOE 谱的结果有明显的偏离。Berry[49]用半经典理论解释了这类结果。他用态密度的迹公式将 $\bar{\Delta}_3(L)$ 表示成对经典周期轨道的求和,对于遍历的混沌系统,他得到的谱刚度只在 L 小于临界长度时与 GOE 谱的结果一致,而临界长度与最短周期轨道的贡献有关。由 Berry 的分析可知,由于最短周期轨道是系统依赖的,所以长程关联的结果不具有普适性。此外,反磁性的锂原子[50]被发现有不符合 Wigner-Dyson 分布却接近泊松分布的能级间距分布,该系统偶宇称谱的能级间距分布函数符合 Wigner-Dyson 分布,奇宇称谱的能级间距分布函数却接近泊松分布。

从目前关于能谱统计特征的研究上看,人们还没找到一种能用来描述规则谱和不规则谱的普遍的统计特征。目前的结果是,在半经典极限下,可积系统的规则谱的涨落的近程关联可以用泊松分布来描述,不可积系统中的不规则谱的涨落的近程关联一般可以用 Wigner-Dyson 分布(GOE 统计)来描述。但规则谱和不规则谱的长程关联还有待研究。

前面介绍了可积系统(规则谱)和硬混沌系统(不规则谱)的能谱统计特征。对于一般的软混沌系统(混合型),其能谱特征应介于规则谱和不规则谱之间。为了知道能谱特征在系统从可积到软混沌再到硬混沌的过程中是怎么变化的,人们需要研究哈密顿量随参数变化时的能谱的变化。Yukawa[51] 研究了一个哈密顿量带参量的系统,应用统计力学原理研究能级分布随参数的变化。当参数足够大时,得到的能级分布正好是随机矩阵理论得到的结果。实际上,本书主要介绍的受激转子模型也是一个典型的模型,该系统受参数控制可以实现从可积系统到软混沌系统再到硬混沌系统。本书作者与合作者在参数足够大时,控制系统的对称性得到的结果也和随机矩阵理论的预言一致[52]。这正好说明了随机矩阵理论结果具有一定的普适性。

人们在观测能谱随参数变化的行为时,发现可积系统的能级会发生交叉现象,而不可积系统的能级则是先接近后分离,如图 1.11 所示,这个现象被称为能级回避交叉。经过研究,人们猜测,回避交叉现象可能是量子混沌的一个表现。这与前面提到的不规则谱的能级排斥是一致的。

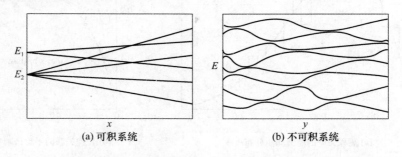

图 1.11   可积系统能级交叉和不可积系统能级回避交叉示意图

1.4.4   不可积哈密顿系统定态波函数形态特征

量子保守哈密顿系统可以用本征能谱和本征波函数描述。本征波函数比本征能谱包含更多的动力学信息,所以对本征波函数的研究可能发现经典世界的混沌运动在量子世界中更丰富的表现。由于对高激发态的测定和计算较为困难,所以人们对定态波函数的研究还没有像对能谱统计那样有显著的进展。

定态波函数的波节图样是它的一个形态特征。波节即波函数在位形空间中的零点，所有的零点组成波节图样。对于一维保守系统，第 n 个束缚态 $\Psi_n(x)$ 在 x 轴上有 $n-1$ 个零点。对于二维保守系统，当哈密顿量可分离时，系统的本征函数在选择适当的空间坐标后也可分离。波函数在位形空间内有两组相互正交的波节线，构成方形网格图样。一个 N 维可分离系统的定态波函数在位形空间中的波节面有 N 组，它们互相交叉，形成规则网格。可积系统的行为与可分离系统差别不大，所以可积系统定态波函数的波节图样也是这种规则的网格结构。当对可积系统加一个不可积的微扰时，波节线的交点随即消失，也就是说不可积系统的定态波函数的波节线有回避交叉的特征。对一些不可积量子系统（如运动场台球）的数值研究已经证实了这个结果。如图 1.12 所示，运动场台球系统低能态的波节图呈现无交点的规则形状，而高能态的波节图则完全无规则。由于对应的经典运动不随台球能量的变化而变化，所以这是个量子现象，可以看成在低能态时，波函数的"混沌性"（无规则性）被量子抑制。近年来，人们在波节的统计性质方面有重要突破，量子台球的波节的统计性质被提出可以用来区分可积和混沌的量子系统，且其极限分布被认为是普遍的（与系统无关）[53]。

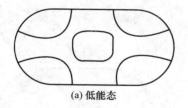 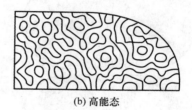

(a) 低能态   (b) 高能态

图 1.12 运动场台球的本征函数波节图

Berry 最早研究了可积系统与不可积系统的定态波函数在半经典极限下的不同特征[54]。结果表明在半经典极限下，可积系统定态波函数在经典允许区的边界上发散。对于不可积系统中的不规则态，由 Berry 假设遍历混沌系统的 Wigner 函数在半经典极限下满足微正则系综分布时得到：波函数在边界处的取值是规则的（自由度 $N>2$ 时取值为 0，$N=2$ 时取有限值）。人们用计算机对某些混沌系统的波函数作数值研究时却发现不规则态波函数的实际情况比 Berry 的图像复杂得多。Heller 计算了运动场台球的一些低能态波函数，发现部分波函数在位形空间中有明显结构[55]。而这种结构中恰好有与系统某些不稳定周期轨道的经典轨迹对应的部分。图 1.13中展示了 3 个与相应的经典周期轨道（图 1.13 中实线）对应的波函数结构，Heller 称这种结构为疤痕（scar）。随着本征态能量的增高或有效 Planck 常数的减小，疤痕将逐渐变细，最终消失在具有无规则起伏的均匀背景之中。所以，Berry 的微正则系综分布假设对于能量足够高的不规则态来说仍然是正确的。除了运动场台球系统外，定态波函数中的疤痕现象也在其他一些简单的不可积量子系统[56,57]中被观测到。

值得注意的是,2009 年,兰州大学黄亮教授与其合作者研究了相对论量子运动场台球桌,发现疤痕依然存在[58];后来,他们又进一步找到了这个模型中仅属于相对论量子力学的疤痕特征[59]。这些工作不仅把量子混沌成功推广到了"相对论量子混沌",还因为相对论量子台球模型可在石墨烯中实现[60-62]而具有重要的实验和应用价值。

此外,人们在研究单一封闭量子系统的热化问题时提出了本征态热化假说[30],它正是基于 Berry 假设遍历混沌系统的量子态。而量子疤痕态则是与之不同的特殊物态,疤痕态如何演化、如何构建多体疤痕态和开放系统中的量子态等问题,由于其在量子计算方面的应用成了一个广受关注的话题。

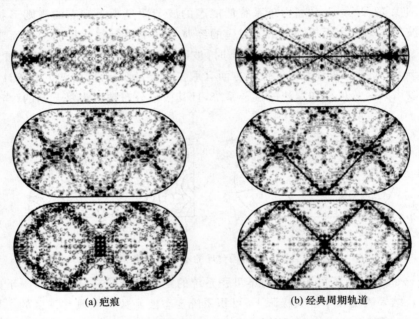

(a) 疤痕　　　　　　　　　　　　(b) 经典周期轨道

图 1.13　运动场台球定态波函数的疤痕和对应的经典周期轨道[55]

1.4.5　量子混沌相关的实验研究

量子混沌在实验上的实现途径主要有:高激发态氢原子的微波电离实验、氢原子在磁场中的运动,以及可以实现受激转子系统的冷原子实验。

1974 年,Bayfield 和 Koch[63]在实验上发现高激发态氢原子的微波电离具有明显的场强阈效应。之后,Leopold 和 Percival[64]用经典混沌扩散模型很好地解释了这个现象。这个解释成功揭示了多光子电离现象与经典混沌有着密切的联系。为了研究氢原子在辐射场中的量子混沌行为,人们对高激发态氢原子的微波辐射电离做了大量细致的实验[65,66]，同时 Jensen 等人[67]和 Casati 等人[68]对氢原子辐射电离问题做了详细的经典和量子的理论计算。在微波电离过程中，量子效应对经典混沌扩散常数抑制，使得氢原子在微波场中的量子局域化还存在"去局域化效应"。

当磁场的强度比原子内部的库仑束缚场大时，系统的经典运动将出现显著混沌，其量子行为也会发生改变。人们测量氢原子在磁场中的准朗道共振[69]，并用半经典理论（如迹公式、周期轨道理论）把这些共振结构与氢原子在磁场中的不稳定经典周期轨道联系起来。这使得磁场中氢原子的研究成为量子混沌中理论与实验结合的又一个例子[70,71]。

1995 年，得克萨斯大学 Raizen 领导的研究组在实验方面取得了重大突破[72]。他们将超冷钠原子置于由一束激光和它的镜面反射光形成的一维驻波场中，同时让激光以频闪的方式周期性施加。激光每次频闪持续的时间很短，超冷原子在激光驻波场的作用下被加速，而在两次相继频闪之间激光关闭，超冷原子可做自由运动。Raizen 的小组第一次在实验上实现了受激转子模型，并验证了经典量子对应时间标度等重要理论结果。随后，受激转子系统的冷原子实验研究突飞猛进[73-76]，不仅验证了大量理论结果，也观测到了许多新现象，提出了许多新问题。这些进展反过来又激发出大量理论研究，使得受激转子系统的数学研究[77,78]、物理理论研究和冷原子实验研究齐头并进、密切联系，形成了冷原子研究领域里极富活力和特色的一个研究方向。

1.4.6 量子混沌与其他学科和方向的关系

量子混沌研究，特别是动力学性质的研究，与其他领域的重要物理问题有着极为密切的深层联系，尤其是凝聚态物理和冷原子物理。最有代表性的例子是一维受激转子系统的动力学局域化，即 1982 年 Fishman 等发现的可将其映射为一维准无规则系统的安德森（Anderson）局域化问题[79]。人们还把受激转子模型与量子场论中的非线性 σ 模型联系起来[80,81]，使得场论方法成为研究受激转子系统的强大工具。人们应用场论方法对受激转子系统的研究取得了一些重大突破，使受激转子系统中可能存在的量子拓扑效应（如已经发现的量子霍尔效应[15,82]）成为人们关注的焦点。这些发现使人们意识到一方面可利用其他领域里的理论理解受激转子系统，另一方面又可将受激转子的研究结果推广到其他领域。也就是说，受激转子的研究绝不是孤立的，它具有更加普遍的物理意义。很快，一维受激转子模型就被推广到了等效高维安德森无规则系统，其性质也被理论证明符合安德森理论的预言[83]。Raizen 的小组取得的突破预示着能够用冷原子实验研究安德森相变，这无疑是非常令人激动的。虽然安德森相变理论在凝聚态物理中的重要性众所周知，但几十年来始终难以在实验上加以观测和验证。循着这一思路，法国里尔科技大学和皮埃尔玛丽居里大学的物理学家终于在 2008 年于频闪激光驱动冷原子实验中观测到了三维 Anderson 相变[84]，如图 1.14 所示；两年之后，相关研究人员又给出了 Anderson 相变临界点的直接观测证据[73]。这一历史性突破无疑是三十年来受激转子系统研究中最骄人的成果之一。

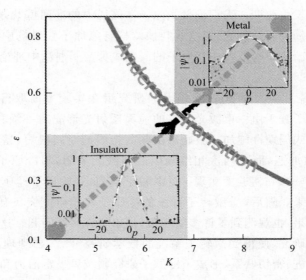

图 1.14　利用准周期受激转子系统在频闪激光驱动冷原子实验中发现 Anderson 相变[84]

1.5　本章小结

本章整体介绍了量子混沌领域研究的主要内容和相关进展。总体来说，20 世纪 70 年代以后兴起的量子混沌领域经历了蓬勃的发展。人们在不可积量子系统中找到了一些混沌运动的量子表现，到目前为止量子混沌领域的研究内容已经被大大扩展，不仅关注有经典量子对应的问题，而且在没有经典对应的量子系统的动力学现象上也有很大的突破。这使得人们对混沌系统的真正量子行为开始有些认识，而不局限在半经典极限行为。但是一些根本问题还没解决，人们并不清楚量子世界是否也像经典世界一样存在截然不同的 2 种运动（规则运动和混沌运动）。近年来，理论方法和实验实现上的突破使人们进一步探索混沌系统的普适量子运动，并有了一些初步进展，而且量子混沌与其他领域的深层关系也得到了广泛关注。可以预见，量子混沌领域将进入另一个快速发展时期。

在量子混沌的研究中，受激转子系统扮演了举足轻重的角色。一维受激转子模型对量子混沌动力学的研究来说如同理想气体对统计物理的研究。这个系统形式上足够简单,它不仅可以进行数值、理论上的研究,而且已经被实验实现,还具有一定的普适性。最突出的是,这个系统虽然"简单",但它和它的变体系统已经被发现有丰富的动力学行为,并与凝聚态领域的研究密切相关。这也是对受激转子系统的研究自1979 年以来经久不衰的主要原因。而近年来理论方法和实验实现上的突破,将进一步巩固受激转子系统在量子混沌研究中的地位。这些将导致量子混沌研究的巨大发展。第 2 章将介绍与受激转子系统相关的具体研究。

受激转子模型

　　本章以相对简单又具有典型性的受激转子模型为例,讨论量子系统的混沌特征。该模型首次在文献[23]中作为"标准映射"(standard map)[85]的量子对应模型引入。后者是广为人知的研究经典动力学混沌的基本模型。然而,量子系统的动力学行为却与经典动力学行为有本质区别。受激转子模型被发现有非常丰富的动力学行为,反映了量子混沌的许多一般特征。事实上,就像经典动力学混沌理论中的标准映射一样,它是理解量子混沌概念的基本模型。

　　一维受激转子模型[23](或参考文献[86,87])描述了一个在圆环上自由运动的转子,它受到周期的瞬间激励,其哈密顿量为

$$H = \frac{l^2}{2M} + k\cos\theta\sum_m\delta(t - mT) \tag{2.1}$$

其中,l 和 θ 分别是转子的角动量和角位移,M 是转子的转动惯量,$k\cos\theta$ 是激励函数,T 是激励的周期,m 是正整数。经过无量纲化($l \rightarrow lT/M, K \rightarrow kT/M, t \rightarrow t/T$)后:

$$H = \frac{l^2}{2} + K\cos\theta\sum_m\delta(t - m) \tag{2.2}$$

更一般地,非线性系统的哈密顿量写成

$$H = H_0(l) + V(\theta)f(t), \quad f(t + T) = f(t) \tag{2.3}$$

哈密顿量中的非微扰部分 H_0 是可积的,而扰动项通常是非线性的且在时间上是周期性的。尽管受激转子模型的扰动项是一种特殊的形式,但人们发现式(2.2)所示模型揭示了式(2.3)所示非线性哈密顿系统的一般性质。

　　虽然这个模型在形式上很简单,但是它却表现出复杂的动力学行为。无量纲化后的系统只有一个参数 K,随着参数 K 的增大,经典受激转子从可积系统到弱混沌的不可积系统再到强混沌的不可积系统。由于经典受激转子模型的许多性质对哈密顿系统具有普适性,所以把它按时间周期离散化之后的模型也被称为"标准映射"。而量子受激转子系统则表现出动力学局域化、量子共振等动力学行为,在长时间情况下和经典动力学行为截然不同。量子受激转子还被发现与 Anderson 一维无规则模型及非线性 σ 模型有关:它与 Anderson 模型的对应解释了量子动力学的局域化现

象;它与非线性 σ 模型的对应关系使场论方法可以用来研究量子混沌问题,并有令人振奋的发现。冷原子理论和实验技术的发展,使人们可以在实验上实现一维受激转子系统,进而使人们在实验上观测到 Anderson 局域化,同时实验也促进了理论的发展。另外,一维受激转子变形系统的研究也有很丰富的结果。总之,一维受激转子模型在量子混沌研究中的具有极重要的地位,也是本书的研究重点和基础。本章对它有一个较详细的介绍。

2.1 经典受激转子

先考虑经典受激转子模型,并简要讨论它的性质。由于转子受到的外场激励是一个周期的 δ 函数,因此可以从运动方程得到映射,便于数值研究。根据系统的哈密顿式(2.2),并由 Hamilton 正则方程得

$$
\begin{cases}
\dot{\theta} = \dfrac{\partial H}{\partial l} = l \\[2mm]
\dot{l} = -\dfrac{\partial H}{\partial \theta} = K \sin\theta \sum_m \delta(t-m)
\end{cases}
\tag{2.4}
$$

令 l_m 和 θ_m 为第 m 次激励前系统的角动量和角度,对以上方程组在一个周期内积分可得递推公式:

$$
\begin{cases}
\theta_{m+1} = \theta_m + l_{m+1} \\[1mm]
l_{m+1} = l_m + K \sin\theta_m
\end{cases}
\tag{2.5}
$$

这是一个单参数非线性扭转映射,它也能用局部近似方法从一些二维哈密顿系统导出。由于该映射具有普适性,所以 Chirikov 把它称为标准映射[85]。标准映射的动力学性质已由 Chirikov、Greene[88]、Mackay[89,90]等人详细研究过。现在回顾它的基本性质。由于系统中的扰动是 θ 的周期函数,系统的相空间是圆柱体,因此允许角动量在 l 方向上的无界运动。此外,也可以证明相空间在角动量方向上也是周期性的,周期为 2π。所以,人们在研究相空间结构时,只需要限制在 $0 \leqslant l, \theta \leqslant 2\pi$ 范围内。

标准映射是个二维保面积映射,相空间的面积不会缩小或扩大,因为它的雅可比矩阵的行列式为 1。

$$
\begin{vmatrix}
\dfrac{\partial \theta_{m+1}}{\partial \theta_m} & \dfrac{\partial \theta_{m+1}}{\partial l_m} \\[3mm]
\dfrac{\partial l_{m+1}}{\partial \theta_m} & \dfrac{\partial l_{m+1}}{\partial l_m}
\end{vmatrix}
=
\begin{vmatrix}
1 + K\cos(\theta_m) & 1 \\[1mm]
K\cos(\theta_m) & 1
\end{vmatrix}
= 1
\tag{2.6}
$$

系统的参数 K 表示外场激励的强度,同时也表征了系统的非线性程度。随着参数 K 的增加,系统呈现出从可积到近可积再到混沌的转变。

2.1.1 周期或准周期运动

当 $K=0$ 时,系统写成

$$\begin{cases} \theta_{m+1} = \theta_m + l_{m+1} \\ l_{m+1} = l_m \end{cases} \tag{2.7}$$

它是可积的,有明显的解 $\theta_m = \theta_0 + ml_0$ 和 $l_m = l_0$。每个轨道都位于一个不变的环面上。根据初始条件,轨道可以表现出周期或准周期行为。若 l_0 为 2π 的有理数倍,即 $l_0 = \frac{M}{N}2\pi$,M 和 N 是互素的整数,那么轨迹就是周期为 N 的轨道。若 l_0 为 2π 的无理数倍,则轨道是准周期的,密集地填充在圆环中。

如果 K 非常小,那么相空间基本结构保持不变。很多轨道似乎仍然水平地穿过,并密集地填满了圆环,如图 2.1(从上到下系统参数分别为 $K = 0.5$,$K = K_c \approx 0.971635$,$K = 5$)的上图所示。对于非常小的 K,式(2.4)可以通过导数很好地逼近,因此动力学仍然是近可积的,并且对于足够小 K,大多数不变环面(无理环面)仍然保持不变,只发生光滑的变形(第 1 章 KAM 定理保证的结果),这些环面被称为 KAM 环面。

2.1.2　非线性共振

如图 2.1 的上图所示,并非所有轨道都是 KAM 环面。事实上,在周期轨道点附近有一些椭圆环绕着它,这些椭圆称为"岛屿"。这些岛屿是有理环面发生共振破裂后形成的。随着 K 的增大,岛的大小也会增大。这些相结构与标准映射的周期轨道及其稳定性有关。

先讨论 1 周期轨道(不动点)及其线性稳定性。令式(2.4)中的 $\theta_1 = \theta_0$,$l_1 = l_0$,得

$$\theta_0 = 0, \pi$$

$$l_0 = 2n\pi \ (n = 0, \pm 1, \pm 2, \cdots)$$

这些不动点的稳定性由标准映射雅可比矩阵的特征值决定,不动点稳定的条件为

$$\left| \mathrm{tr} \begin{pmatrix} 1 + K\cos(\theta_0) & 1 \\ K\cos(\theta_0) & 1 \end{pmatrix} \right| < 2 \tag{2.8}$$

所以,不动点 $\theta_0 = 0$,$l_0 = 2n\pi$ 是不稳定的双曲点;$\theta_0 = \pi$,$l_0 = 2n\pi$ 在 $0 < K < 4$ 时是稳定的椭圆点,在 $K = 4$ 时不动点失稳,由椭圆不动点变成双曲不动点。

对于 N 周期点 $(\theta_i, l_i) = (\theta_{i+N}, l_{i+N})$,$i = 0, \cdots, N-1$,它的稳定性可以跟不动点的稳定性的原则类似。设一次迭代为 F^1,N 次为 F^N,即 $\begin{pmatrix} \theta_N \\ l_N \end{pmatrix} = F^N \begin{pmatrix} \theta_0 \\ l_0 \end{pmatrix}$。那么,$(\theta_i, l_i) = (\theta_{i+N}, l_{i+N})$ 就是映射 F^N 的不动点。因此,标准映射 N 周期点的稳定性由 A_N 的特征值决定。

$$A_N = \prod_{i=1}^{N} \begin{pmatrix} 1 + K\cos(\theta_i) & 1 \\ K\cos(\theta_i) & 1 \end{pmatrix} \tag{2.9}$$

在相图中,N 周期轨道是 N 个点,而在稳定的点附近,一般都存在包含该点的岛屿,称为 N 周期岛屿,N 周期岛屿就是 M/N 共振的共振区。

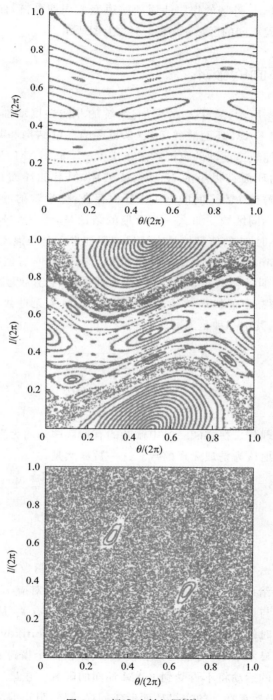

图 2.1 标准映射相图[87]

在 $K\neq0$ 且较小时,外场的作用使周期轨道变为周期岛链,而未被破坏的 KAM 环面把相空间分隔成不同的区域,如图 2.1 的上图所示。

2.1.3 不变环面的破坏

如图 2.1 的中图所示,随着 K 的增加,系统的非线性度增加。这些岛屿的大小在增长,越来越多的 KAM 环面被破坏,越来越多的岛链结构和共振带被破坏,混沌的区域以及每条混沌轨道运动的范围越来越增大。不同 KAM 环面在微扰作用下生存的能力不同,有的环面在很小的 K 时就被破坏,但有的环面在较大的 K 时还存在。只要有一条横跨整个 θ 区间的 KAM 环面存在,标准映射的整个相空间就会被分隔成互不连通的不同区域。那么一个有趣的结论是,哪一个 KAM 环面是最稳定的,这个环面被破坏时 K 的值显然具有从局域混沌进入全局混沌的分岔点的作用。

从第 1 章的 Poincare-Birkhoff 定理和 KAM 定理可知,有理环面(对应的旋转数为有理数)在 $K\neq0$ 时就会破裂,当不变环面对应的旋转数为无理数时,旋转数离有理数越远,环面破裂需要的扰动就越大。数学上,任何一无理数 R 都可以用有理数的极限系列去逼近,其中一种是无穷连分表示:

$$R=a_1+\cfrac{1}{a_2+\cfrac{1}{a_3+\cfrac{1}{a_4+\cdots}}} \tag{2.10}$$

这里 a_i 是整数。这一连分数可简写为 $R=[a_1,a_2,\cdots,a_n,\cdots]$,当 $n\to\infty$ 时,截断的有理数序列就趋于无理数。在式(2.10)中截断的有理数序列向无理数极限收敛最慢的连分式可以被合理地认为是最无理的数。这一数显然是

$$R_g=[1,1,\cdots,1,\cdots]=1+\cfrac{1}{1+\cfrac{1}{1+\cfrac{1}{1+\cdots}}}=\frac{\sqrt{5}-1}{2}$$

正是黄金分割数。

标准映射最后一个破裂的环面的旋转数就是黄金分割数 R_g 及与其对称的旋转数 $1-R_g$。Greene 给出了一种精确计算这条环面破裂时对应 K 值的数值方法。他发现环面是否破裂与该环面附近的 N 周期轨道的稳定性有关,从而得到标准映射中最后一个环面破裂时的 K 值为 $K_c\approx0.971\,635$。这与 Chirikov 的数值结果基本一致。图 2.1 的中图显示了 $K=K_c$ 时的相图,此时最后一个横跨 θ 区间的 KAM 环面破裂。角动量方向的运动将不再受到 KAM 环面的限制。在最后一个 KAM 环面被破坏后,相空间中仍然存在小的次级环面形成的局域岛,阻止混沌轨道的进入。如果系统初值落到这些岛中,系统的运动仍然是局域的。

2.1.4 全局混沌

随着 $K(K > K_c)$ 的进一步增大,相空间中具有规则准周期运动的区域逐渐变小,如图 2.1 的下图所示,小到无法考虑其对运动的影响。因此,$K \gg 1$ 时,系统是完全混沌的,同时具有很强的统计特性,如局部不稳定性、混合性、关联性的快速衰减,具有正的 Kolmogorov-Sinai 熵等(参见文献[6,85,91,92])。数值数据表明[85]:即使对于不太大的 K 值,如 $K \sim 5$,标准映射也具有所有这些特性,可以视为完全混沌。

经典受激转子的一个统计特征是角动量空间中运动的扩散特征,从与量子模型的比较来看,这一特征最为重要。$K \gg 1$ 时系统是完全混沌的,转子的运动接近简单的布朗运动(随机行走);K 很大时,不同时刻的相位之间的关联快速衰减。相位在短时间内便达到均匀分布,可以看成随机的。所以,可以应用无规则相位假设来计算转子在角动量空间中的扩散。角动量在时间 t(激励次数)内的改变量可从映射式(2.5)得到

$$l_t - l_0 = \sum_{m=0}^{t-1} K \sin \theta_m \tag{2.11}$$

取大量初始角动量为 l_0、相位为 θ_0、均匀分布在 $[0, 2\pi)$ 中的轨道为系综。$\sin \theta_m$ 的统计平均为

$$\langle \sin \theta_m \rangle = 0, \quad \langle \sin \theta_m \sin \theta_n \rangle = \frac{1}{2} \delta_{mn} \tag{2.12}$$

所以角动量改变量的平方的系综平均为

$$\langle (l_t - l_0)^2 \rangle = \frac{1}{2} K^2 t \tag{2.13}$$

当系统遍历时,对单个轨迹的多个部分进行平均,也会出现相同的结果。因为在遍历系统中,时间平均等于系综平均。将式(2.13)与布朗粒子的均方位移 $\langle x^2 \rangle = 2Dt$ 比较,定义 $D = \langle (l_t - l_0)^2 \rangle / (2t)$,则转子在角动量空间的扩散系数为

$$D = \frac{1}{4} K^2 \tag{2.14}$$

当 $t \to \infty$ 时,角动量在空间中的分布为高斯分布:

$$p(l_t - l_0) = \frac{1}{K\sqrt{\pi t}} \exp(-(l_t - l_0)^2 K^2 t) \tag{2.15}$$

同样和布朗粒子的无规则运动的理论结果一致。数学上,角动量的改变量写成每次改变的和:

$$l_t - l_0 = \sum_{m=0}^{t-1} (l_{m+1} - l_m)$$

$l_{m+1} - l_m$ 是统计独立的,在 $t \to \infty$ 的条件下,中心极限定理便保证了高斯分布

〔式(2.15)〕的结果。

当 K 略大于 K_C 时,混沌海中还存在许多规则运动对应的岛屿,混沌轨道在扩散过程中会不时地被这些小岛捕获,滞留一段时间后才能重新进入混沌海继续扩散。考虑这个修正后,扩散系数为

$$D(K) \approx \begin{cases} \dfrac{1}{4}K^2\{1-2J_2(K)[1-J_2(K)]\}, & K \geqslant 4.5 \\ 0.15(K-K_C)^3, & K_C < K < 4.5 \end{cases} \tag{2.16}$$

其中,$J_2(K)$ 是一个贝塞尔函数。式(2.16)与数值结果非常吻合,如图 2.2 所示。但是,在 K 为 2π 的整数倍附近,扩散系数存在非常尖锐的峰,如图 2.3 所示。这时系统的扩散行为,不能用式(2.16)描述。这种超扩散的出现是由于相空间中存在微小的稳定岛链,这些稳定岛上相点的运动是所谓的"加速模式"(accelerator mode)。

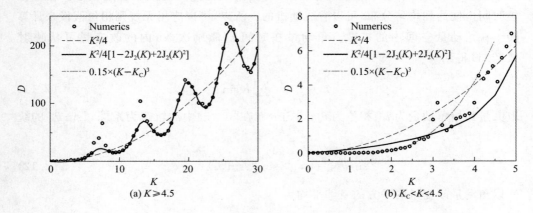

(a) $K \geqslant 4.5$ (b) $K_C < K < 4.5$

图 2.2 标准映射的扩散系数 $D(K)$

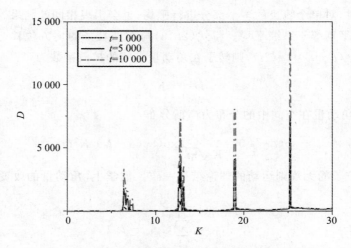

图 2.3 标准映射在 K 为 2π 的整数倍附近的超扩散

2.1.5　加速模式

当 K 在 2π 的整数倍附近的小范围内时,某些初始条件下角动量以加速模式[85,93,94]扩散。在加速模式下,角度变量以弹道形式增长,即 $\theta_t \sim t^2$;角动量以线性增长,即 $l_t \sim t$。因此,每次激励角动量的增长量是一个常数,在本节中为 2π。这些初始条件是特殊的,因为对于 K 中的某些区间,它们是稳定椭圆岛的一部分,并且从这些岛出发的轨道也会经历加速过程。通常,加速模式以 $(l_t-l_0)^2 \sim t^\gamma$,$\gamma=2$ 的形式进行反常扩散。在具体的问题中,指数 γ 可以取 $1<\gamma<2$ 的任意值,这取决于其他稳定岛的存在[85,95,96]。这种扩散行为与 2.1.4 节 $K \gg 1$ 时预测的正常扩散完全不同。

如取初始条件:

$$\theta_0 = \pi - \arcsin\left(\frac{2M\pi}{K}\right), \quad l_0 = 0 \tag{2.17}$$

其中,M 为正整数。代入标准映射迭代方程可得轨道为

$$\theta_t = [t(t+1)M+1]\pi - \arcsin\left(\frac{2M\pi}{K}\right), \quad l_t = 2M\pi t \tag{2.18}$$

所以动能以弹道方式增长 $(l_t-l_0)^2 \sim t^2$(加速模式)。通过 2.1.2 节介绍的线性稳定分析,在稳定的条件下可以给出实现加速模式可能的 K 值[85-95]:

$$2M\pi \leqslant K \leqslant \sqrt{(2M\pi)^2+16} \tag{2.19}$$

可以验证,加速模式下 K 的窗口大小约为 $\frac{8}{K}$。

图 2.3 显示了当 K 值取在这些加速窗口中时,系统全局的扩散系数很大,$D = \langle(l_t-l_0)^2\rangle/(2t)$,与无规相位假设下的结果 $\left(D=\frac{K^2}{4}\right)$ 有很大的偏差。当 $M=1$ 时,$2\pi \leqslant K \leqslant 2\sqrt{\pi^2+4}$ 是第一个峰对应的 K 值范围。取 $K=6.9$,图 2.4(a) 所示的相图显示混沌海主导的相空间中存在稳定的加速岛。当初始条件精确取在加速点时〔式(2.17),$M=1$〕,动能以弹道形式增长〔式(2.18),$M=1$〕。由于这些稳定加速点的存在,当初始条件取在围绕它们的加速岛上时,平均动能也将以弹道形式增长,如图 2.4(b) 中的实心圆数据所示;而初始条件选在混沌海中时,平均动能最终将近似地以线性形式增长,如图 2.4(b) 中的下三角数据所示。由于相空间中稳定加速模式的存在,距离加速模式及其粘连区域较近的相点,平均动能将从弹道增长过渡到线性增长,如图 2.4(b) 中的空心圆数据所示。这两种增长方式的时间尺度与相点和加速岛的距离有关。此时,对相空间中所有的相点求平均,可以看到指数 γ 的确在 $1<\gamma<2$ 的范围内,如图 2.4(b) 中的上三角数据所示。

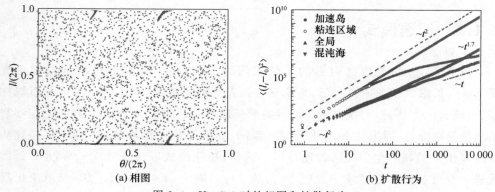

图 2.4　$K=6.9$ 时的相图和扩散行为

需要注意的是,受激转子是一个完全确定的系统,没有任何随机性。正是由于经典运动的混沌性质,使得确定性经典强混沌运动在统计意义上和完全随机的布朗运动类似,满足正常扩散。大部分不可积哈密顿系统都像标准映射这样,既有稳定的规则运动(周期或准周期运动),也有不稳定的混沌运动。正是由于相空间中规则区与混沌区交错形成复杂的结构,才使得哈密顿系统混沌运动的统计描述变得十分困难,很多问题还有待研究。当然,也存在只有不稳定轨道的哈密顿系统,这类系统中几乎所有轨道都是混沌的。其运动不仅是遍历的,而且具有混合性。Gutziwiller 把这类哈密顿系统的混沌运动称作硬混沌,而把混沌运动与规则运动并存的运动称为软混沌。受激转子系统即为典型的软混沌系统。

2.2　量子受激转子

现在很自然地会提出一个问题:混沌系统的量子动力学是怎么样的?又有什么特征?以受激转子模型为例,这方面的研究结果大多集中在 $K\gg1$ 的强混沌系统中。为了回答这个问题,回到最初的模型式(2.2)并写下它的量子对应:

$$\hat{H}=\frac{1}{2}\hat{l}^2+K\cos\hat{\theta}\sum_m\delta(t-m) \tag{2.20}$$

其中,$\hat{l}=-\mathrm{i}\tilde{\hbar}\partial/\partial\theta,\tilde{\hbar}=\hbar T/M$ 是有效 Planck 常数,当 $\tilde{\hbar}\to0$ 时回到经典极限。$\hat{l}$ 和 $\hat{\theta}$ 是一对共轭量,若选各自的本征态为基,则有

$$\begin{cases}\hat{l}\,|\,n\rangle=n\tilde{\hbar}\,|\,n\rangle, & n\in\mathbb{Z}\\ \hat{\theta}\,|\,\theta\rangle=\theta\,|\,\theta\rangle, & \theta\in[0,2\pi)\end{cases} \tag{2.21}$$

且满足关系:

$$\langle\theta\,|\,n\rangle=\frac{1}{\sqrt{2\pi}}\mathrm{e}^{\mathrm{i}n\theta} \tag{2.22}$$

量子受激转子的运动由含时 Schrödinger 方程给出:

$$\mathrm{i}\tilde{\hbar}\frac{\partial\psi(\theta,t)}{\partial t}=\hat{H}(t)\psi(\theta,t) \tag{2.23}$$

2.2.1 演化算符

要解一般的含时 Schrödinger 方程是很困难的。由于这个模型是周期性的,因此可以应用 Floquet 理论[39,97]。像经典情况一样,对系统按时间进行离散化,把它简化成一个关于波函数的映射,此时时间序列即为激励次数序列。定义第 m 次激励前的状态为 $\psi(m)$,经过 Floquet 算符 $\hat{F}$ 作用得到一个周期后的状态,即第 $m+1$ 次激励前的状态 $\psi(m+1)$,即

$$|\psi(m+1)\rangle=\hat{F}|\psi(m)\rangle \tag{2.24}$$

对于瞬时激励的周期系统,用 Floquet 算符可以很容易得到。把 δ 函数等效成宽为 $\Delta\tau(\Delta\tau\ll1)$ 高为 $1/\Delta\tau$ 的脉冲,则周期驱动系统的哈密顿量为

$$H(t)=\begin{cases}H_0+V/\Delta\tau, & m<t<m+\Delta\tau\\H_0, & m+\Delta\tau<t<m+1\end{cases} \tag{2.25}$$

通过求解 Schrödinger 方程可得一个周期内的演化算符:

$$\hat{U}(t)=\begin{cases}\exp\left[-\frac{\mathrm{i}}{\tilde{\hbar}}(H_0+V/\Delta\tau)t\right], & 0<t<\Delta\tau\\\exp\left[-\frac{\mathrm{i}}{\tilde{\hbar}}H_0(t-\Delta\tau)\right]\hat{U}(\Delta\tau), & \Delta\tau<t<1\end{cases} \tag{2.26}$$

这样就得到了 Floquet 算符,它与离散化后的演化算符相同。由 $\hat{F}=\hat{U}(1)$,得

$$\hat{F}=\exp\left[-\frac{\mathrm{i}}{\tilde{\hbar}}H_0(1-\Delta\tau)\right]\exp\left[-\frac{\mathrm{i}}{\tilde{\hbar}}(H_0+V/\Delta\tau)\Delta\tau\right] \tag{2.27}$$

让 $\Delta\tau\to0$,则 $\hat{F}=\exp\left[-\frac{\mathrm{i}}{\tilde{\hbar}}H_0\right]\exp\left[-\frac{\mathrm{i}}{\tilde{\hbar}}V\right]$。对于标准受激转子系统,有

$$\hat{U}=\hat{F}=\exp\left[-\mathrm{i}\frac{\hat{l}^2}{2\tilde{\hbar}}\right]\exp\left[-\mathrm{i}\frac{K}{\tilde{\hbar}}\cos\hat{\theta}\right] \tag{2.28}$$

这样就可以通过演化算符(Floquet 算符)来研究系统的运动了,而且这个演化算符可以写成两个分离变量的部分:一个部分描述自由转动,另一个部分代表激励项。在经典系统中只有一个参数 K,而在量子系统中有两个参数,除了 K 之外,系统还跟 $\tilde{\hbar}$ 有关。在 l 表象中的标准受激转子演化算符的矩阵元为

$$\langle m|U|n\rangle=\frac{1}{2\pi}\int_0^{2\pi}\mathrm{e}^{-\mathrm{i}m\theta}\exp\left(-\frac{\mathrm{i}}{\tilde{\hbar}}\frac{1}{2}l^2\right)\exp\left(-\frac{\mathrm{i}}{\tilde{\hbar}}K\cos\theta\right)\mathrm{e}^{\mathrm{i}n\theta}\mathrm{d}\theta$$

$$=\exp\left(-\mathrm{i}\frac{\tilde{\hbar}}{2}m^2\right)\frac{1}{2\pi}\int_0^{2\pi}\exp\left(-\frac{\mathrm{i}}{\tilde{\hbar}}K\cos\theta\right)\mathrm{e}^{-\mathrm{i}(m-n)\theta}\mathrm{d}\theta \tag{2.29}$$

$$=\exp\left(-\mathrm{i}\frac{\tilde{\hbar}}{2}m^2\right)(-\mathrm{i})^{m-n}\mathrm{J}_{m-n}\left(\frac{K}{\tilde{\hbar}}\right)$$

其中，J_m 是 m 阶贝塞尔函数。

根据式（2.24）、式（2.29），在给定初始波函数后，就可以计算任意时刻（按周期离散后）的波函数。在数值上，需要对基进行人工的截断，考虑有限的尺寸。注意到贝塞尔函数随着阶数的增加是迅速减小的，也就是说演化矩阵是带状的，它的非零矩阵元集中在对角线附近。所以，当截断的位置比带宽大时，截断就可能是有效的。

还有一种更节省计算时间的数值方法是傅里叶变换方法。它与贝塞尔函数无关，从式（2.28）出发。受激转子系统可以用傅里叶变换方法进行数值计算的关键是系统波函数的演化算符是可分离变量的，即 $\hat{U} = \hat{U}_l \cdot \hat{U}_\theta$。表象间的变换满足傅里叶变换，若初始波函数是在 l 表象下的，则可通过傅里叶变换方法变换到 θ 表象下，使 U_θ 可对角化，进而再变换到 l 表象下，同样的 U_l 在 l 表象下是对角化的。这样就完成了整个演化算符 U 对波函数的一次演化，重复这个过程即可得到任意时刻（已离散）的波函数。在数值计算中，一般用更快捷的快速傅里叶变换来实现表象间的变换，但由于这个方法和贝塞尔函数无关，因此一般需要通过增加基的大小来检查截断是否足够大。若增大基的大小后的结果没有变化，则表明截断足够大。

2.2.2　动力学局域化

有了任意时刻的波函数，原则上可以计算任意力学量的平均值随时间的演化。在 2.1 节中讨论了经典受激转子在角动量空间中的扩散现象。在量子系统中，可以对应地研究平均动能随时间的演化。转子经演化算符演化 t 次后的平均动能为

$$E(t) \equiv \frac{1}{2} \langle \psi(t) | \hat{l}^2 | \psi(t) \rangle = \sum_n \frac{n^2 \tilde{\hbar}^2}{2} | \psi_n(t) |^2 \tag{2.30}$$

其中，$\psi_n(t)$ 是经过 t 次激励后动量空间中的波函数。当 $K \gg 1$ 时经典的平均动能为

$$E(t) \equiv \langle l^2(t) \rangle / 2 = E(0) + \frac{K^2}{4} t \tag{2.31}$$

即平均动能随时间线性增长。

那么量子系统中平均动能与时间的关系是否也是线性的？人们发现，对于一般的 $\tilde{\hbar}$，这种对应关系只发生在某个有限的时间尺度 t_D 内，之后观察到的 $E(t)$ 与式（2.31）有相当大的偏差，扩散速率显著降低[23]。图 2.5 示出了这种行为的一个典型例子，为了形成对比，用虚线显示了式（2.31）所示的经典系统的理论结果。这里，量子系统的初始波函数在角动量表象下取 $\psi(0) = \sum_n \delta_{nn_0} | n \rangle$，$n_0 = 0$，对应经典轨道的初始动量 $l_0 = 0$，初始相位 θ_0 在 $[0, 2\pi]$ 上均匀选取，系统参数为 $K = 5$，$\tilde{\hbar} = 1/4$。量子系统在经典强混沌区域中的这种显著行为正如第 1 章中提到的，是一种"经典混沌的量子抑制"。这种现象在量子受激转子系统中是非常典型的，它实际上并不取决于初始分

布在角动量空间中的位置,也不取决于初始波函数的形状(在数值模拟中需要保证角动量空间足够大)。

能量扩散的抑制意味着波包在角动量空间传播的停止,停止后波包在角动量空间中呈现指数型衰减的稳定分布$|\psi_n|^2 \sim \exp(-n/\xi)$,其中 ξ 为局域化长度。图 2.6 显示了足够长时间后 $|\psi_n|^2$ 的一个典型例子,对应图 2.5 中系统在 $t = 2\,000$ 时的情形。在半对数坐标下呈现很好的线性,也就是说,$|\psi_n|^2$ 随 n 呈指数型衰减。而在经典系统中,角动量空间的分布是高斯型的,如式(2.15)所示,而且分布随时间扩展。当 n 的值较大时,量子与经典结果会有明显的差异,这反映了动量空间中扩散的量子抑制。

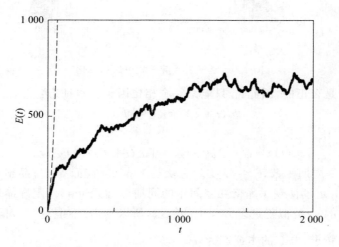

图 2.5　量子受激转子系统的动力学局域化

在特征时间 t_D 内,经典扩散和量子扩散之间是一致的,而 $t \gg t_D$ 时量子系统的能量扩散受到抑制,平均动能长时间地在某个值附近振荡,波包在动量空间中的分布呈现稳定的局域分布。这个特征时间引起了人们极大的兴趣,因为它可以用来连接模型的经典和量子特性。接下来从系统的量子扩散在 $t \to \infty$ 时被完全抑制的数值事实出发,详细讨论在 t_D 时间内的量子扩散的机制,以及扩散的临界时间 t_D。为此,先介绍"准能量"。

从理论上分析,周期驱动量子系统的长时间行为是由"准能谱"确定的。因为根据 Floquet 定理,这类系统的原含时薛定谔方程变换为一个新的类似定态的薛定谔方程,准能量扮演这个定态方程的本征能量的角色。Floquet 算符为一个周期内的演化算符,有

$$\hat{F}(t)|\psi(t)\rangle = |\psi(t+T)\rangle \tag{2.32}$$

可以看到 Floquet 算符是时间平移算符。存在本征方程:

$$\hat{F}(t)|\psi_n(t)\rangle = |\psi_n(t+T)\rangle = \lambda_n|\psi_n(t)\rangle \tag{2.33}$$

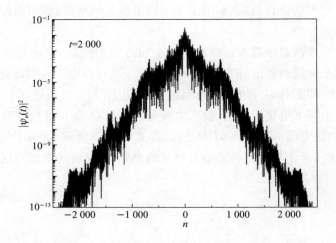

图 2.6　量子受激转子波包的局域化

由于演化算符是幺正的,因此 λ_n 只能是一个相位因子。本征态:

$$|\psi_n(t+T)\rangle = \mathrm{e}^{-\mathrm{i}\phi_n}|\psi_n(t)\rangle \qquad (2.34)$$

$|\psi_n(t)\rangle$ 可以写成

$$|\psi_n(t)\rangle = \mathrm{e}^{-\mathrm{i}\varepsilon_n t}|u_n(t)\rangle, \quad |u_n(t+T)\rangle = |u_n(t)\rangle \qquad (2.35)$$

其中,$|u_n(t)\rangle$ 是周期函数,$\varepsilon_n = \phi_n/T$。这就是 Floquet 定理,它与晶格中的 Bloch 定理类似。Bloch 定理体现了晶格在空间中的周期性,而 Floquet 定理体现了时间上的周期性。这里的 ε_n 类似于定态方程中的能量,所以称为"准能量"。对于按周期离散后的量子受激转子,取 $\hat{U}$ 的本征态为 $|\varphi\rangle$,有

$$\hat{U}|\varphi\rangle = \mathrm{e}^{\mathrm{i}\varepsilon}|\varphi\rangle \qquad (2.36)$$

其中,ε 为准能量,$\varepsilon \in [0, 2\pi)$,相应的谱称为准能谱。

　　与自治系统的能谱不同,受激转子系统在角动量空间中是不受限的,它的准能谱可以是连续的。因此,受激转子模型在经典混沌的意义上没有任何限制可以阻止其运动的混沌性,这也是为什么人们选择这个模型来研究量子系统中混沌的可能性。连续能谱的情况对应的量子受激转子能量是无限增长的"量子共振"情形,并且与经典行为完全无关。此时,$\tilde{h} = 4\pi p/q$,p 和 q 为互素的整数,这类特殊情况将在后面的章节中讨论。当系统的量子运动具有局域的特征时,相应的准能谱应该是离散的。Chirikov 等人根据能谱的性质估算了扩散特征时间 t_D[98]。

　　当量子受激转子的运动局域化时,粗略地看,波包可以用 ξ 个有限的本征态的线性组合表示。这里的本征态既可以是角动量的本征态,也可以是演化算符(Floquet算符)的本征态。ξ 个演化算符的本征态对应的准能量也为 ξ 个,准能量都在区间 $[0, 2\pi)$ 中取值,设准能量的平均间距为 $2\pi/\xi$。从量子力学的测量理论可知,能谱离散性在波包的运动中表现出来所需的最短时间 $t^* \approx 1/(2\pi/\xi)$。此外,$t > t_D$ 时,波包在角

动量空间局域,可以用 ξ 个有限的本征态表示,t_D 时间内量子和经典模型的扩散行为基本一致,$\langle l^2(t)\rangle \approx \frac{K^2}{2}t_D = \xi^2\tilde{\hbar}^2$。Chirikov 等人认为 $t_D \approx t^*$,所以有

$$\xi \sim t^* \approx t_D \approx \frac{K^2}{2\tilde{\hbar}^2} \tag{2.37}$$

这个时间尺度表示了量子受激转子系统中的"能量扩散尺度"。当系统参数为 $K=5$,$\tilde{\hbar}=1/4$ 时,可算得 $t_D \approx 200$,这与图 2.3 中的数值结果在数量级上相符。$K/\tilde{\hbar}$ 越小,t_D 越小,量子系统能量扩散受到的抑制越强。

$K \gg 1$ 时,经典受激转子系统是全局混沌的。相空间中相邻轨道具有指数型不稳定性。而在量子系统中,轨道是不存在的。上一章中提到可以用波包模拟经典轨道,相空间中的运动在时间 $\tau_E \sim \ln(1/\tilde{\hbar})$ 内表现出指数型局域不稳定性。对于受激转子系统,这个经典量子对应时间(Ehrenfesttime)为

$$\tau_E \approx \frac{\ln\left(\frac{1}{\tilde{\hbar}}\right)}{2\ln(K)} \sim \ln\left(\frac{1}{\tilde{\hbar}}\right) \tag{2.38}$$

所以,量子受激转子和经典受激转子模型的完全对应只在很短的时间尺度 $t < \tau_E$ 范围内。一般来说,τ_E 比 t_D 小得多,如当 $K=5$,$\tilde{\hbar}=1/4$ 时,$\tau_E < 1$。在这个条件下,实际上完全观察不到受激转子模型指数型局域不稳定性的量子表现。由于波包的迅速扩散,在这个时间尺度上进行详细的数值实验比较困难,而实验观测则更为困难。直到 2018 年,才在理论研究和冷原子实验设备的发展下,在受激转子的实验实现上观测到 τ_E[75]。

总的来说,两个不同的时间尺度对描述经典混沌的量子系统的能量演化相当重要,而且对应原理只在所有经典混沌显现于量子行为的对数时间尺度 $t < \tau_E$ 时成立。在时间尺度 $\tau_E < t < t_D$ 下,量子系统的能量扩散行为虽然和经典一致,但其完全是量子效应。$t > t_D$ 后,量子相干效应逐渐变强并压制混沌。一些对不稳定性更敏感的统计量,如关联函数、不均匀度、OTOC 等,它们的量子行为和经典行为可能只在 τ_E 时间尺度内一致。

2.2.3 量子共振

量子受激转子有两个系统参数,K 和 $\tilde{\hbar}$。对于一般的 $\tilde{\hbar}$,量子系统会出现局域化的动力学行为。特殊地,当 $\tilde{\hbar}=4\pi p/q$,且 p 和 q 为互素的整数时,受激转子模型的动力学出现一种特殊的动力学行为,当 $t \to \infty$ 时平均动能随时间二次增长 $E(t) \sim t^2$。由于这种动力学行为完全是量子效应引起的,因此被称为"量子共振",$\tilde{\hbar}=4\pi p/q$ 也称为受激转子的量子共振条件。本节主要讨论量子共振条件下系统的特殊性质和动

力学行为。

量子共振条件下的特殊运动可以从最简单的情况：$\tilde{\hbar}=4\pi$ 中窥见端倪，$\tilde{\hbar}=4\pi$ 也称为主量子共振条件。量子受激转子的演化算符为 $\hat{U}=\exp\left(-\mathrm{i}\dfrac{\hat{l}^2}{2\,\tilde{\hbar}}\right)\exp\left(-\mathrm{i}\dfrac{K}{\hbar}\cos\hat{\theta}\right)$，当 $\tilde{\hbar}=4\pi$ 时，在角动量表象下演化算符可以简化为

$$\hat{U}=\mathrm{e}^{-\mathrm{i}\frac{K}{4\pi}\cos\hat{\theta}} \tag{2.39}$$

初始波函数在角动量表象下取本征态 $\psi(0)=\sum\limits_{n}\delta_{mn}\,|\,n\rangle$，即初始波函数为只有第 m 个本征态被激发的狄拉克函数，根据受激转子的演化算符〔式(2.29)〕和平均动能的定义〔式(2.30)〕可得

$$\psi(t)=(-\mathrm{i})^{m-n}\mathrm{J}_{m-n}\left(\frac{Kt}{4\pi}\right)$$

$$E(t)=\sum_{n}\frac{n^2\tilde{\hbar}^2}{2}|\psi_n(t)|^2=\frac{(4\pi)^2}{2}\sum_{n}m^2\left|\mathrm{J}_{m-n}\left(\frac{Kt}{4\pi}\right)\right|^2=\frac{K^2}{2}t^2+8\pi^2m^2 \tag{2.40}$$

如果取其他形式的初始波函数，则可能会出现额外的关于 t 的线性项。但不管怎样，当时间趋近于无穷大时，平均动能 $E(t)$ 总是以 t^2 的方式增长，且与参数 K 的取值无关。如图 2.7 显示了量子共振条件下系统平均动能随时间的演化行为，双对数坐标下的小图清晰地显示了平均动能在长时间上以 t^2 的形式增长。这里模拟的参数为 $K=20,\tilde{\hbar}=\dfrac{4\pi p}{q},p=3,q=17$。

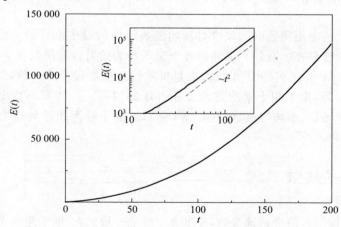

图 2.7　量子共振条件下系统平均动能随时间的演化行为

量子受激转子的这种能量增长完全是由量子共振效应引起的。外场激励的驱动频率 $\Omega=2\pi/T=\tilde{\hbar}/2$，而系统相邻能级的固有跃迁频率 $(E_{n+1}-E_n)/\tilde{\hbar}=\dfrac{(n+1)^2\tilde{\hbar}}{2}-$

$\dfrac{n^2\tilde{\hbar}}{2}=(2n+1)\tilde{\hbar}/2=(2n+1)\Omega$，这种共振效应完全是由量子效应引起的。经典受激转子系统中也有二次型的能量增长，被称为"加速模式"[85,99]。经典模型中的这类运动与动量空间中存在等间距的稳定加速岛直接相关，并且只发生在特殊的 K 值附近。然而，量子共振行为不依赖 K，即使是在 $K\ll1$、经典运动在角动量空间中受限的情况下，该行为也会产生。

对于一般的量子共振条件，$\tilde{\hbar}=4\pi p/q$，p 和 q 为互素的整数，即 $\tilde{\hbar}$ 是 4π 的有理数倍时，波函数的演化算符具有平移不变性：

$$[\hat{U},\hat{T}_q]=0 \tag{2.41}$$

其中，$\hat{T}_q$ 是角动量空间的平移算符：$\hat{T}_q|n\rangle=|n+q\rangle$。演化算符的这个平移对称性使得演化算符的本征态 $|\varphi\rangle=\sum\limits_{n}\varphi_n|n\rangle$ 满足

$$|\varphi_{n+q}\rangle=\mathrm{e}^{\mathrm{i}\phi_B q}|\varphi_n\rangle \tag{2.42}$$

其中，$\phi_B q\in[0,2\pi)$ 是 Bloch 相位。这与固体物理学中的晶格系统非常相似，在量子共振条件下动量表象中的受激转子模型可以与 q 周期的一维晶体类比。这个类比使得量子混沌与凝聚态物理的研究关联起来，下一节中还会详细讨论。

所以，当 $\tilde{\hbar}$ 是 4π 的有理数倍时，演化算符准能谱由 q 条带组成，每条带随 $\phi_B\in[0,2\pi/q)$ 连续变化。图 2.8 显示了量子共振条件下的准能谱，其参数与图 2.7 相同：$K=20$，$p=3$，$q=17$。此外，演化算符的本征波函数在角动量空间中类似于 Bloch 态，是扩展的，这意味着能量可以无限增长。

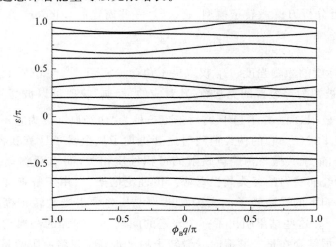

图 2.8　量子共振条件下的准能谱

一种特殊的情况除外：当 $\tilde{\hbar}=2\pi$ 时，可以证明 $U^2=I$，量子受激转子为 2 周期系

统,相应的准能量也只有两个值。在角动量表象中:

$$\langle m | U^2 | n \rangle = \sum_k U_{mk} U_{kn} = (-\mathrm{i})^{m-n} \sum_k (-1)^{m-k} \mathrm{J}_{m-k}\left(\frac{K}{\tilde{\hbar}}\right) \mathrm{J}_{k-m}\left(\frac{K}{\tilde{\hbar}}\right) \quad (2.43)$$

$$= (-\mathrm{i})^{m-n} \mathrm{J}_{m-n}(0) = \delta_{mn}$$

其中应用了$\left\langle m | \mathrm{e}^{-\mathrm{i}\frac{\tilde{\hbar}}{2}m^2} = \left\langle m | \mathrm{e}^{-\mathrm{i}\pi m^2} = (-1)^m \langle m |\right.$。而更一般地,当$\tilde{\hbar}$为$2\pi$的奇数倍时,$U^2 = \mathrm{e}^{\mathrm{i}\beta}$,$\beta$是一个常实数[100],系统的能量不会随时间增长,这种情况被称为"量子反共振"。量子反共振的发生与势函数的选取有关,如当势函数$V(\theta) = \cos(2n\theta)$时系统的周期性消失,对所有$\tilde{\hbar} = \frac{4\pi p}{q}$,系统都将表现出量子共振行为。

介于量子共振与动力学局域化之间的系统,其能谱有什么过渡特征呢?如果用分母很大的有理数逼近无理数,则转子能量在初始阶段表现出非共振行为(非平方增长)。而对于相应的准能谱,人们还没有证明"当有效 Planck 常数从π的有理数逼近无理数时,准能谱从连续谱转为离散谱"。Casati 和 Guarneri 曾证明,存在一非空的无理数集,当$\tilde{\hbar}/4\pi$的值落在该集合时,系统的准能谱包含连续谱[101]。

尽管在通常的半经典意义上,量子共振在经典受激转子动力学中没有对应现象,但 21 世纪初的实验[102,103]和理论发现[104,105]给出了其特殊的经典解释。考虑定义在圆柱体上的转子,由于其空间周期性,它可以转化为动量(也称为准动量 B),当$\tilde{\hbar} = 4\pi n (n > 0, 整数)$时,该 B 受激转子模型出现共振行为,但仅限于有限数量的 B 特殊值处。如果系统远离这些特殊值,则实现动力学局域化。现在,如果$\tilde{\hbar} = 2\pi n + h, h \ll 2\pi$,在共振附近分析 B 受激转子模型,则(经过一些简化后)Floquet 算子可以写成

$$\hat{U}_B = \mathrm{e}^{-\mathrm{i}\frac{\hat{H}_B}{h}} \mathrm{e}^{-\mathrm{i}\frac{\tilde{K}}{h}\cos\tilde{\theta}} \quad (2.44)$$

其中,$\tilde{K}$是重标度的激励强度,$\hat{H}_B$仅取决于角动量算子[105]。式(2.44)很有启发性,因为$|h|$可以被视为等效普朗克常数,其对应的"经典"映射可以被写下来。这里"经典"表示$h \to 0$极限,而$\tilde{\hbar}$并不趋于 0,后来也被称为"伪经典",因为它不要求普朗克常数很小。对应于式(2.44)的伪经典映射显著再现了从全量子计算获得的共振结构,值得注意的是,量子共振与伪经典映射的可积性质相关,而 B 受激转子模型的共振与近可积的伪经典映射的经典共振对应。该理论框架[105]用于解释在重力显示量子加速器模式影响下的受激转子的实验结果[102,103],并导出受激转子模型中共振峰宽度的比例[104,106]。这些结果引出了一个普遍的问题——纯粹的经典动力学能模拟量子现象吗?根据结合在量子共振时受激转子的幺正算子仅将有限数量的相位点映射到彼此的思想,写下一个经典映射,该映射显示了超过经典量子对应时间的量子局域化或量子共振效应[107],具体取决于所选参数。此外,文献[108]利用伪经典映射的动力学解释了量子系统的指数扩散;文献[109]同样用这个理论思想设计了可以发生

超弹道扩散的量子系统,这部分将在第 4 章中详细讨论。

2.2.4 受激转子模型与 Anderson 模型

上一节中提到:在量子共振条件下动量表象中的受激转子模型可以与一维周期晶体类比。而局域化条件下的量子受激转子,则可以与一维 Anderson 模型[110]对应,从而理论解释了受激转子的动力学局域化[79]。

考虑 Anderson 模型:粒子的位置等间距地排列在一维链上,每个位置上存在位势 T_m。粒子从一个位置到其第 r 个"邻居"的跳跃由跃迁幅度 W_r 描述。在第 m 个位置上发现粒子的概率振幅 u_m 服从薛定谔方程[41,45,46]:

$$T_m u_m + \sum_r W_r u_{m+r} = E u_m \tag{2.45}$$

如果势函数 T_m 沿着粒子链的方向具有有限周期 q,使得 $T_{m+q} = T_m$,则方程式(2.45)的解将是 Bloch 函数,并且能量特征值将形成连续的能带。然而,有趣的是这种情况:T_m 是随机数,也就是说不同位置之间的势函数没有关联,而跃迁幅度 W_r 是非随机的,并且随着 r 的增加而快速减小。满足上述条件时,方程式(2.45)的本征态是指数局域在分布中心 v 的:

$$u_m^v \sim \exp\left(-\frac{|m-v|}{\xi}\right), \quad |m-v| \to \infty \tag{2.46}$$

其中,ξ 是局域化长度。这个结果表示一段时间后任何形状初始状态的局域化。因此,电子在这种模型中的扩散将被量子相干效应抑制。

1982 年,Fishman 等人[79]把动力学局域化下的受激转子与 Anderson 一维无规则势模型联系起来。他们把一维受激转子的演化算符本征方程式(2.36)改写为

$$(\hat{V} + \hat{W})|\varphi\rangle = 0 \tag{2.47}$$

其中,$\hat{V}$ 和 $\hat{W}$ 是两个厄米算符,满足:

$$e^{-i\left(\epsilon + \frac{\hat{l}^2}{2\hbar}\right)} = \frac{1 + i\hat{V}}{1 - i\hat{V}}, \quad e^{-i\frac{K}{\hbar}\cos\theta} = \frac{1 + i\hat{W}}{1 - i\hat{W}} \tag{2.48}$$

在角动量表象下,演化算符的本征方程式(2.47)可写成

$$V_m \varphi_m + \sum_{n \neq 0} W_n \varphi_{m+n} = E \varphi_m \tag{2.49}$$

其中:

$$V_m \equiv \langle m | V | m \rangle = \tan\left[\frac{1}{2}\left(\epsilon - \frac{m^2 \tilde{\hbar}}{2}\right)\right]$$

$$W_n \equiv -\frac{1}{2\pi}\int_0^{2\pi} e^{in\theta}\tan\left(\frac{K}{2\tilde{\hbar}}\cos\theta\right)d\theta \tag{2.50}$$

$$E \equiv -W_0$$

方程式(2.49)可看成粒子在一维晶格上运动的离散化 Schrödinger 方程,其中 V_m 为粒子在第 m 个格点上的势能,W_n 为粒子跳跃 n 个格子的跃迁矩阵元,而 E 为粒子的能量本征值。这样,Fishman 等人就把一维受激转子系统与一维晶格模型联系了起来。方程式(2.49)解的性质依赖势能 V_m 的性质。当 $\tilde{\hbar}$ 是 4π 的有理数倍时,V_m 是周期序列,相应的本征态是 Bloch 态,具有连续的能量谱。所以,受激转子的量子共振的动力学行为对应具有周期势的一维晶格模型的情形。

而当 $\tilde{\hbar}$ 是 4π 的无理数倍时,$\varepsilon - \dfrac{m^2 \tilde{\hbar}}{2}$ 对 2π 取模得到的序列是 $[0, 2\pi]$ 内均匀分布的伪随机数,所以 V_m 是随机序列。$\tilde{\hbar}$ 是 4π 的无理数倍时,方程式(2.49)对应具有一维随机势的 Anderson 模型。此时,系统的能谱是离散的,粒子作准周期运动而不发生扩散。$\tilde{\hbar}$ 是 4π 的无理数倍时,受激转子的波函数在角动量空间是局域化的,$|\psi_n|^2 \sim \exp(-n/\xi)$,如图 2.6 所示,与 Anderson 模型中的结果一致。需要注意的是,Anderson 模型中的势函数是随机的,而受激转子模型中的 V_m 序列虽然不是一个概率意义上的随机序列,却有着与随机序列相近的统计性质。动力学模型中的这种"伪随机性"与对应经典模型中的"混沌"密切相关。

由于受激转子和一维晶格模型存在这样的对应关系,所以受激转子的在角动量空间的扩散行为可以对应电子在晶体中的导电行为,动力学局域化和正常扩散分别对应电子在不纯净的晶体中的电子局域化和有限的导电运动,相应的材料称为"Anderson 绝缘体"和"金属"。量子共振下的弹道扩散对应电子在一个完美晶体中的运动,相应的材料称为"超金属"。动力学局域化条件下受激转子系统与 Anderson 模型的对应,使得受激转子模型成为实验研究 Anderson 局域化、Anderson 相变的平台。

后来,1996 年 Altland 和 Zirnbauer[80] 又把量子受激转子与描述无序线大尺度动力学的一维超对称非线性 σ 模型(one-dimensional supersymmetric nonlinear σ-model)对应起来,它们可以用相同的有效场论进行描述,使场论方法可以用来解析地计算量子受激转子的动力学行为。这个工作主要讨论局域化情形的场论方法和结果。2010 年,Tian 和 Altland[81] 发展了共振情形的场论方法,给出了解析的普适性结果〔方程式(3.30)〕,并给出了一些微观上的图像和解释。有关超对称场论方法的内容将在 2.3 节做具体介绍。超对称场论方法的发展使得受激转子系统动力学的研究有一些重大进展,如准周期受激转子系统中的普适动力学行为[111](详见 2.3.3 节),在没有经典对应(有自旋)的系统中更是惊人地发现了与整数霍尔效应有关的动力学行为[15,82](详见 2.3.2 节,包括本书第 3 章的部分研究[52])。

2.2.5　能谱统计

前面几节展示了受激转子的动力学特征。从 Floquet 矩阵特征值的角度出发,动力学特征如何呈现？这个问题与受对称约束的量子算子特征值的统计特性有关。这个问题的非平凡答案构成了能谱统计和随机矩阵理论的主题。随机矩阵理论在物理学的许多领域有着广泛的应用，本书简短的介绍难以充分体现其卓越的地位。随机矩阵理论在核物理的多体问题中的应用始于 20 世纪 50 年代[112]，当时 Wigner 提出了核能谱序列的局部涨落具有与适当选择的随机矩阵集相似的统计特性[38,113]。在随后的 30 年中，随机矩阵理论得到了坚实的数学基础，并被广泛应用于多体量子物理学问题，特别是核物理学问题[114]。

根据 Bohigas-Giannoni-Schmidt(BGS)的猜测[45]，"时间反演对称性系统的能谱具有相同的涨落特性，这些涨落特性与高斯正交矩阵理论(GOE)预测的相同。"因此，即使是单体或少体系统也可以呈现随机矩阵类型的能谱涨落，只要系统的经典极限是混沌的。如第 1 章中的相关内容，满足相同对称性的系统能谱的统计相同，属于同一种普适类，这已经在大量的混沌系统中充分证明了[115]，尽管 BGS 猜想的严格和完整证明仍未完成，但部分尝试已经使人们更深入地了解了动力学和随机矩阵理论(RMT)的 联系[49,116-118]。自 20 世纪 80 年代以来，随机矩阵理论和应用的快速发展已经在几篇评论文章和学术专著中被总结出来[115,119-121]。

在处理拥有含时哈密顿量的系统时，受关注的对象是单位时间演化算子 Floquet 算子和相应的准能量。在这种情况下，随机矩阵理论的应用需要由 Dyson 引入的不同的矩阵集合，即正交(orthogonal)($\beta=1$)、酉(unitary)($\beta=2$)和辛(symplectic)($\beta=4$)圆矩阵集合[122,123]。第 1 章中的 Wigner-Dyson 分布也描述了来自圆形矩阵系综的准能谱的涨落性质，可以整理为

$$P(s) = A_\beta s^\beta e^{-B_\beta s^2} \tag{2.51}$$

其中，$\beta=1,2,4$ 表示所考虑的量子系统所属的对称类别。常数 A_β 和 B_β 是根据归一化和展平条件 $\left(\int P(s)\mathrm{d}s = 1 \text{ 和 } \langle s \rangle = 1 \right)$ 确定的。β 的值对应于由 Dyson[124] 引入的 3 个标准高斯集合：正交系综($\beta=1$)对应具有时间反演对称但没有自旋 1/2 相互作用的系统；酉系综($\beta=2$)对应没有时间反演对称的系统；辛系综($\beta=4$)对应具有时间反演对称和自旋 1/2 相互作用的系统[113,115,119,124,125]。如需了解这 3 种以外的新对称类别，请参见文献[126]。而且，β 也可以表示第 1 章中提到的连续能级之间的相对距离的排斥程度。随机矩阵能谱和复杂量子系统的能谱表现出"能级排斥"的主要特征，因此能级是相关的。对于正交系综($\beta=1$)，$A_\beta = \dfrac{\pi}{2}$，$B_\beta = \dfrac{\pi}{4}$；对于酉系综($\beta=2$)，$A_\beta = \dfrac{32}{\pi^2}$，$B_\beta = \dfrac{4}{\pi}$；对于辛系综($\beta=4$)，$A_\beta = \dfrac{2^{18}}{3^6 \pi^3}$，$B_\beta = \dfrac{64\pi}{9}$。

对于受激转子的能谱，可以分析与 Floquet 算符相关的准能谱 ε_i〔式(2.36)〕，其中 $i = 1, \cdots, N$；N 是用于构造 Floquet 矩阵的角动量基态的数量。展平后的最近邻能谱间距 $s_i = (\varepsilon_{i+1} - \varepsilon_i)/\langle s \rangle$。由于本征相位 ε 在单位圆上是遍历的，因此能谱密度

在整个范围内是均匀的,$\langle s \rangle$是归一常数。这简化了复杂的能谱展平操作。考虑受激转子定义在一个在位置方向有界、在动量方向无界的圆柱体上。对于激励强度较大的情况,经典受激转子显示出混沌动力学。基于 BGS 假设的一个粗略的期望是能级间距分布与 Wigner-Dyson 分布〔式(2.51)〕相同。

然而,动力学局域化地出现在长于局域化长度的时间尺度上有效地阻止了经典混沌的影响,并且阻止了这种可能性。如前文所述,局域化系统的能谱实际上是伪随机和不相关的。指数局域化也意味着动量表示中的本征态间的重叠很小。设系统局域化长度 ξ 与用于求解特征值问题的动量基态数 N 的比率 Λ,$\Lambda = \xi/N$[127]。如果本征态的中心(或峰)在动量空间中被很好地分离,则可以预期能级间距不相关。$K \gg 1$,$\Lambda = \xi/N \ll 1$ 时,就是这种情况。这时,能谱间距可以用随机序列的能谱统计结果,即 $P(s) = \exp(-s)$ 的泊松分布很好地描述。

如图 2.9 所示,当 $K = 12$,$\tilde{\hbar} = 0.7$ 时,受激转子准能谱间距统计与 $P(s) = \exp(-s)$ 的泊松分布吻合。准能谱是通过在 $N = 2\,048$ 个未受干扰的基态处截断进行数值计算的,并且局域化长度被数值估计为 56。在这种情况下,$\Lambda = \xi/N \approx 0.027$。这恰好与第 1 章经典极限内可积的量子系统的能谱间距统计分布一致。虽然经典转子在受到高强度激励时是混沌的,但是量子动力学在经典量子对应被打破之后的时间尺度上由量子干涉效应主导,并且这在能谱涨落中也体现出来,看起来似乎违反了 BGS 猜想[128]。必须强调,泊松统计数据仅在 $N \to \infty$ 的限制下严格成立。对于无限尺度的 Anderson 模型,能谱间距被严格地证明必须满足泊松分布[129],但对于受激转子,这样的结果仍然是一个未解决的问题。通常,如果 Floquet 算子的本征函数在动量基态上足够好地分离,则间距分布接近 Poisson 极限[128,130]。

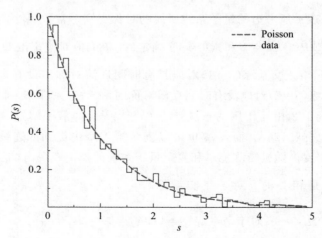

图 2.9 局域化时受激转子的能谱间距统计

为了探究 $\Lambda \gg 1$ 的极限,需要使受激转子处于有限维的希尔伯特空间。这可以通过在位置和动量空间中都强制执行周期边界条件来实现。此时,系统具有有限相空间,对应经典受激转子在强混沌条件下可以进行无限地扩散。$\Lambda\gg 1$,表示局域化长度非常大,占据了所有的基态。在此极限下,局域化已经不存在了。而量子共振条件下的受激转子恰好满足条件,它在角动量空间也具有平移不变性。如果 $K\gg 1$,则可以实现强混沌和 BGS 猜想。实际上,数值结果确实表明,对于 $K\gg 1$ 的情况,能谱间距统计与 Wigner-Dyson 分布一致[98,131,132]。量子共振情况下 $\tilde{h}=\dfrac{4\pi p}{q}$,受激转子的演化算符可以写成

$$\langle m\,|\,U\,|\,n\rangle = \exp\left(-\,\mathrm{i}\,\frac{\tilde{h}}{2}m^2\right)\exp\left[-\,\mathrm{i}(m-n)\theta_0\right]\cdot$$

$$\frac{1}{q}\sum_{l=0}^{q-1}\exp\left[-\,\mathrm{i}\,\frac{K}{\tilde{h}}\cos\left(\frac{2\pi l}{q}+\theta_0\right)\right]\exp\left[-\,\frac{2\pi\mathrm{i}l(m-n)}{q}\right] \tag{2.52}$$

其中,θ_0 是 Bloch 数,相应的模型只有在 $\theta_0=0$ 或 $\dfrac{\pi}{q}$ 时才保留奇偶对称性。此时本征态分为奇、偶宇称两套,为了避免能级简并的影响,需要对相应的能谱进行分开统计。通过数值对角化可以得到系统的准能谱。图 2.10 显示了能级间距分布的数值结果,$\tilde{h}=\dfrac{8\pi}{199}$,$K/\tilde{h}$ 从 19 990 到 20 010,间隔为 1 取 20 个系综。图 2.10(a) 显示 $\theta_0=0$ 的特殊情况,图 2.10(b) 显示的 θ_0 为一般情况的示例($\theta_0=\pi/2$),结果均与 Wigner-Dyson 分布一致,符合 BGS 猜想。

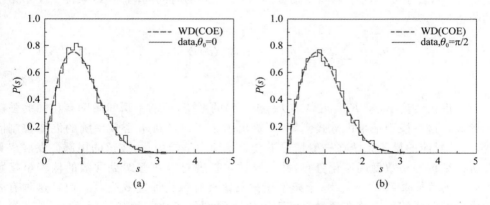

图 2.10　量子共振时受激转子的能谱间距统计

　　如果由于基大小的限制而截断了 Floquet 矩阵,那么即使 $K\gg 1$ 也会观察到偏离泊松统计的情况[130,133-136]。在这种情况下,经典系统是混沌的,量子系统显示出与最大混沌性不同的统计特性。因此,能谱间距分布在泊松极限和 GOE 极限之间,被称为"中间统计"。例如,Brody 分布[114,137] 和 Izrailev 分布[138] 都在某种程度上提供了泊松和 GOE 功能形式之间的函数。这种偏差可以归因于相空间中稳定的经典结构的存在[139]。在受激转子中,本章处理的是 $K\gg 1$ 的强混沌情况,这时量子效应占主

导地位,经典结构不重要到不能发挥任何作用。

能谱统计完全是关于 Floquet 算子特征值的分析,也可以用随机矩阵理论结果来分析其特征函数[132]。本节在此只作简要评论。对于 $\Lambda \ll 1$,本征函数在角动量空间是局域化的。而在相反的极限下,$\Lambda \gg 1$,它们是非局域化的,在这种情况下,特征函数将显示出与强混沌和随机矩阵理论一致的统计特性。已有研究表明,在 N 接近无穷大的情况下,这些特征函数呈高斯分布。该结论在受激转子中已得到证实[132]。然而,对于局域化的态,则会出现与高斯分布的显著偏差。这些特征函数的统计学特征作为量子混沌的标志,不仅仅在受激转子模型中可以观察到,在受激陀螺[140]和其他保守混沌系统[141]中也可以观察到。

2.3 一维受激转子的变形系统

人们对一维受激转子的变形系统也进行了大量研究并有很丰富的发现,本节简单介绍一些变体系统如一维双激转子、带 1/2 自旋的一维受激转子等系统的主要发现。

2.3.1 一维双激转子系统

一维受激转子系统的一个重要变体是双激转子(double kicked rotor),即在时间周期 T 内,转子受到两个瞬间激励作用,他们之间的时间间隔为 $\Delta T (\Delta T < T)$,系统的哈密顿量为

$$\hat{H} = \frac{\hat{l}^2}{2} + K_1 V_1(\hat{\theta}) \sum_m \delta(t - mT) + K_2 V_2(\hat{\theta}) \sum_m \delta(t - mT + \Delta T), \quad m \in N$$

$$(2.53)$$

这里仅讨论 $K_1 = K_2 = K$,$V_1(\hat{\theta}) = V_2(\hat{\theta})$ 的系统,即两个瞬间激励有相同的强度和形式。这一模型最早由陈式刚等[142]提出用于探讨经典哈密顿系统的混沌控制问题,与其对应的量子系统在一般情况下会出现动力学局域化,波包的尾部会发展成具有阶梯结构的指数型局域化分布,并且局域化长度对等效普朗克常数的依赖呈指数为分数的幂律关系[143,144]。这个模型还被发现具有棘轮加速效应[145],而且这种有棘轮效应的双激转子系统在动量空间中可以观测到量子化的绝热输运性质[146]。量子一维双激转子系统最令人意外的是:当 $\tilde{\hbar}T$ 满足主量子共振条件,即 $\tilde{\hbar}T = 4\pi$ 时系统在角动量空间会出现指数扩散现象[108]。同样地,对于周期驱动的双激转子系统可以按周期 T 进行离散化,对应的量子系统也可以写出对应的 Floquet 算符。设系统在第 m 次激励前的状态为 $|\psi_m\rangle$,演化一个周期 T 后得到第 $m+1$ 次激励前的状态为 $|\psi_{m+1}\rangle$,则

$$|\psi_{m+1}\rangle = \hat{U}_{DKR} |\psi_m\rangle$$

$$(2.54)$$

通过求解 Schrödinger 方程可得

$$\hat{U}_{\mathrm{DKR}} = \mathrm{e}^{-\mathrm{i}(T-\Delta T)\frac{\hat{l}^2}{2\hbar}} \mathrm{e}^{-\mathrm{i}\frac{K}{\hbar}V(\hat{\theta})} \mathrm{e}^{-\mathrm{i}\Delta T\frac{\hat{l}^2}{2\hbar}} \mathrm{e}^{-\mathrm{i}\frac{K}{\hbar}V(\hat{\theta})} \tag{2.55}$$

上式右端第二、四项分别代表两个外场施加的激励作用,第一、三项分别代表粒子的自由转动。对双激转子系统,同样有式(2.21)和式(2.22)。当 $\tilde{\hbar}T=4\pi$ 时,易得

$\mathrm{e}^{-\mathrm{i}T\frac{\hat{l}^2}{2\tilde{\hbar}}}|n\rangle = |n\rangle$,$|n\rangle$ 为角动量算符的本征态,演化算符 $\hat{U}_{\mathrm{DKR}}$ 可简化为

$$\hat{U}_{\mathrm{DKR}} = \mathrm{e}^{\mathrm{i}\Delta T\frac{\hat{l}^2}{2\hbar}} \mathrm{e}^{-\mathrm{i}\frac{K}{\hbar}V(\hat{\theta})} \mathrm{e}^{-\mathrm{i}\Delta T\frac{\hat{l}^2}{2\hbar}} \mathrm{e}^{-\mathrm{i}\frac{K}{\hbar}V(\hat{\theta})} \tag{2.56}$$

与一般条件下的式(2.55)相比,在主量子共振条件下 $\hat{U}$ 的这一形式具有了额外的对称性。这一对称性导致双激转子系统在外势取 $V(\hat{\theta})=\cos\hat{\theta}$(标准双激转子系统)时与受激 Harper 模型在一般情况下具有完全一样的准能谱[78],所以当固定 $\frac{K}{\hbar}$、作算符 $\hat{U}$〔按式(2.56)〕的准能量随 $\tilde{\hbar}$ 变化的关系图时,也能得到著名的 Hofstadter 蝴蝶分形谱[145]。而在这个主量子共振条件下,当 $\tilde{\hbar}$ 进一步满足条件 $\tilde{\hbar}\Delta T=2\pi M/N+h$ 时,其中 M、N 为两个互素的奇数,$h\ll 1$,系统能量(波包)的演化竟然表现出指数扩散行为[108]。指数型扩散的机制可通过量子双激转子系统的伪经典极限系统的性质得到解释。

伪经典系统即"伪经典极限":$h\rightarrow 0$ 时与式(2.56)定义的量子系统对应的经典极限系统。而存在与量子受激转子系统的动力学行为对应的伪经典极限系统的一个重要条件,就是当 $h\rightarrow 0$ 时,演化算符〔式(2.56)〕有一条完全简并的准能谱[147]。

那么量子双激转子系统和伪经典系统是如何对应的呢?当 $\tilde{\hbar}T=4\pi$ 时,量子双激转子系统的演化算符如式(2.56)所示。对激励强度和角动量进行重新标度:

$$\hat{\tilde{l}} = \frac{\hat{l}h}{\hbar}, \quad \tilde{K} = \frac{Kh}{\hbar}, \quad \hat{\tilde{\theta}} = \hat{\theta} \tag{2.57}$$

在角动量表象下,有 $\hat{l}|n\rangle = n\tilde{\hbar}|n\rangle$。重新标度后,$\hat{\tilde{l}}|n\rangle = nh|n\rangle$,又由于 $\tilde{\hbar}\Delta T=2\pi+h$,可得关系式 $\mathrm{e}^{\pm\mathrm{i}\Delta T\frac{\hat{l}^2}{2\hbar}} = \mathrm{e}^{\pm\frac{\mathrm{i}}{h}\left(\frac{\hat{\tilde{l}}^2}{2}+\pi\hat{\tilde{l}}\right)}$。则演化算符可改写成

$$\hat{U}_{\mathrm{DKR}} = \mathrm{e}^{\frac{\mathrm{i}}{h}\left(\frac{\hat{\tilde{l}}^2}{2}+\pi\hat{\tilde{l}}\right)} \mathrm{e}^{-\mathrm{i}\frac{\tilde{K}}{h}V(\hat{\tilde{\theta}})} \mathrm{e}^{-\frac{\mathrm{i}}{h}\left(\frac{\hat{\tilde{l}}^2}{2}+\pi\hat{\tilde{l}}\right)} \mathrm{e}^{-\mathrm{i}\frac{\tilde{K}}{h}V(\hat{\tilde{\theta}})} \tag{2.58}$$

在这个式子中,可以把 h 看成等效 Planck 常数,这样在"伪经典极限"$h\rightarrow 0$ 下,可以找到与量子系统〔式(2.58)〕对应的伪经典双激转子系统。这个伪经典双激转子系统的动能项是 $\pm\left(\frac{\tilde{l}^2}{2}+\pi\tilde{l}\right)$ 交替的,两次激励势函数是相同的 $\tilde{K}V(\tilde{\theta})$。

设系统在第 m 次激励前的状态为$(\tilde{\theta}_m, \tilde{l}_m)$，演化一个周期 T 后得到第 $m+1$ 次激励前的状态$(\tilde{\theta}_{m+1}, \tilde{l}_{m+1})$，对应的伪经典极限映射可以写成

$$
\begin{cases}
\tilde{L}_m = \tilde{l}_m + \tilde{K}V'(\tilde{\theta}_m) \\
\tilde{\Theta}_m = \tilde{\theta}_m + \tilde{L}_m + \pi \\
\tilde{l}_{m+1} = \tilde{L}_m + \tilde{K}V'(\tilde{\Theta}_m) \\
\tilde{\theta}_{m+1} = \tilde{\theta}_m - \tilde{L}_{m+1} + \pi
\end{cases}
\tag{2.59}
$$

其中，$V'(\tilde{\theta})$ 表示函数 $V(\tilde{\theta})$ 在 $\tilde{\theta}$ 处的导数，$\tilde{L}_m$、$\tilde{\Theta}_m$ 是两个中间变量。可以证明，如果 $V(\tilde{\theta})$ 是个周期函数，则映射式（2.59）的相空间结构在 $\tilde{l}$ 方向上也将具有周期性。

后面的章节将详细讲述量子双激转子系统〔式（2.58）〕和伪经典极限映射〔式（2.59）〕的动力学行为，以及伪经典极限理论在量子双激转子系统中的应用。

2.3.2　带 1/2 自旋的一维受激转子系统

一维受激转子的又一个变形系统是考虑有自旋的转子在外场激励下的运动。在环上自由运动的转子带有 1/2 自旋，受到周期性外势的激励，势函数中含有 Pauli 矩阵。这种激励方式的受激转子已经被广泛研究[148-151]。这类受激转子与标准受激转子具有相似的结果：可以映射成一个 1/2 自旋的粒子在一维晶格系统中运动的紧束缚模型[148,149,151]；共振条件下波函数的性质和标准受激转子相似[148,151]，而非共振条件下系统长时间也是局域化的[149,150]；系统的能谱统计特征也能由随机矩阵理论给出[148,149,151]。当然，这类有自旋耦合的系统的动力学性质在短时间内[150]、非共振条件下，随某些参数变化可出现局域-去局域相变[148,151]，这与标准受激转子有些不一样。最出人意料的是，近年来带 1/2 自旋的受激转子系统被发现存在与整数量子霍尔效应相似的动力学行为[15]。这个开创性的结果，使得受激转子系统因其可能存在丰富的量子拓扑现象而成为人们关注的焦点。这个发现极大地丰富了量子受激转子的动力学性质，加深了人们对量子受激转子系统的认识。

模型：1/2 自旋转子在环上自由运动，并受到周期的激励。激励函数为 $V_i(\hat{\theta}_1, \theta_2 + \tilde{\omega}t)\boldsymbol{\sigma}^i$，其中 θ_1 是转子的角坐标，θ_2 可以任意选取，$\boldsymbol{\sigma}^i (i=1,2,3)$ 是 Pauli 矩阵。这里势函数用了 Einstein 求和规定，同时还受到频率 $\tilde{\omega}$ 调制。为不失一般性，令 $\tilde{\omega} = 2\pi/\sqrt{5}$。系统的哈密顿量为

$$
\hat{H} = \hat{l}^2 + V(\hat{\theta}_1, \theta_2 + \tilde{\omega}t) \sum_m \delta(t-m), \quad m \in \mathbb{N}
\tag{2.60}
$$

其中，$\hat{l} = -\mathrm{i}\tilde{\hbar}\partial_{\theta_1}$。系统的能量定义为 $E(t) = -\frac{1}{2}\langle \langle \tilde{\psi}_t | \partial_{\theta_1}^2 | \tilde{\psi}_t \rangle \rangle_{\theta_2}$，其中$\langle \cdot \rangle_{\theta_2}$ 表示对 θ_2 求平均，波函数 $\tilde{\psi}_t$ 包含自旋分量。如果在 t 很大时能量增长率 $E(t)/t$ 为 0，则表示转子在角动量空间的运动是有界的，对应的无序电子系统是绝缘体（带 1/2 自旋

的一维受激转子系统可映射成 1/2 自旋的电子在一维晶格中运动的紧束缚模型[148,149,151]);如果能量增长率 $E(t)/t$ 不为 0,则表示转子在角动量空间的运动是扩展的,相应的无序电子系统是金属。

陈宇和田蠱舜用超对称场论方法做理论分析预测并进行数值验证,发现当以 $\tilde{\hbar}$ 为变量时,随着它的增长,这类具有自旋轨道耦合的混沌系统存在丰富的量子相结构。他们的主要结果示意图如图 2.11 所示。图 2.11 中黑色曲线显示 $\tilde{\hbar}^{-1}$ 的临界值是一个无限离散集,在每个临界值处,转子为能量增长率为 σ^* 的金属相,且增长率 σ^* 是普适的,与系统的细节(如势函数的具体形式,临界值 $\tilde{\hbar}^{-1}$)无关;对于其他 $\tilde{\hbar}^{-1}$ 值,系统处于绝缘相,且这些绝缘相是拓扑的,可以用一个量子数 $\sigma_H^{\sim} \in \mathbb{Z}$ 描述。图 2.11 中蓝色曲线显示了每当 $\tilde{\hbar}^{-1}$ 增长穿过一个临界值,$\sigma_H^{\sim}$ 就增长 1。这些特征与整数霍尔效应相似:把 $\tilde{\hbar}^{-1}$ 看成填充率,把 $E(t)/t$ 看成纵向电导,把 $\sigma_H^{\sim}$ 看成量子化的霍尔电导。

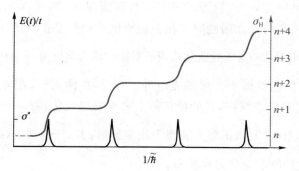

图 2.11 带 1/2 自旋的量子受激转子"整数霍尔效应型"动力学行为示意图[15]

值得注意的是,这类模型并没有经典对应,这里的混沌体现在:对于较小的 $\tilde{\hbar}$,能量在短时间内线性增长[152-154],且准能谱间距统计遵从 GUE 对应的分布[39]。如今,量子混沌不仅研究不可积系统的经典量子对应问题,在没有经典对应的系统中也有很多研究,这些研究极大地丰富了我们对"不可积"量子系统的认识,并影响其他领域如这里的凝聚态相关的研究。

2.3.3 一维准周期受激转子系统

一维准周期受激转子系统可用激励强度随时间发生准周期变化的一维受激转子模型进行刻画,其哈密顿形式为

$$\hat{H} = \frac{\hat{l}^2}{2} + K\cos(\hat{\theta}) f_d(t) \sum_m \delta(t-m), \quad m \in N \tag{2.61}$$

与标准受激转子系统不同的是:受激强度为 $Kf_d(t)$,是被调制的,是时间依赖的。调制函数 $f_d(t) = \prod_{i=1}^{d-1} \cos(\omega_i t + \varphi_i)$ 依赖于 $d-1$ 个调制频率 ω_i(φ_i 是恒定的相位差)。

和标准受激转子类似,当等效普朗克常数 $\tilde{h}$ 是 4π 无理数倍数时,该转子系统理论上已被证明等效于 d 维安德森无序系统。相应的一维[72]及高维[73,84,155]的 Anderson 局域化现象已经在冷原子实验中证实。其中最引人关注的是,Anderson 金属-绝缘体相变首次在实验中被证实[73,84,155]就是利用三维准周期受激转子系统实现的。

由于受激转子系统并不存在真正的随机性,所以在 Anderson 普适类外还存在其他动力学行为。在 $d=1$ 的一维量子受激转子中,当 $\tilde{h} = 4\pi p/q$(4π 的有理数倍)时,由于系统在角动量空间内存在平移不变性,因此可以等效地看成角动量空间是 q 周期的,当 q 小于局域化长度时,转子的能量随时间平方增长,表现出量子共振现象。在 $d>1$ 的一维准周期量子受激转子系统中,同样的机制使系统出现一类量子临界现象(金属-超金属相变)[111],这是由于 $\tilde{h}$ 在共振情况下,转子在角动量空间是有限的,但在其他 $d-1$ 个与外加激励频率相关的维度上仍然是扩展的。

等价地,可以用能量的傅里叶变化式表征系统的动力学行为,$E(t) = -\int \frac{d\omega}{2\pi} \frac{e^{-i\omega t}}{\omega^2} \sigma(\omega)$,其中 $\sigma(\omega)$ 扮演的角色类似于金属的光电导[81,111]。具体来说,在光电导上,若 $\omega \to 0$ 时,$\sigma(\omega)$ 等于 0,则对应绝缘体,在能量扩散上表现为局域化;若 $\omega \to 0$ 时,$\sigma(\omega)$ 为有限常数,则对应金属态,在能量扩散上表现为正常扩散;若 $\omega \to 0$ 时,$\sigma(\omega)$ 为 $\frac{1}{-i\omega}$,则对应超金属态,在能量扩散上表现为超扩散。

2011 年,在文献[111]中作者已经用场论方法预言,当有效 Planck 常数 $\tilde{h} = 4\pi p/q$ 时,低维的受激转子系统中存在超金属相。在高维($d>3$)受激转子系统中存在金属-超金属相变:随着参数 K 的减小,系统由金属相过渡到超金属相。这些理论结果已经被数值模拟验证了[156]。有趣的是,$q=4$ 时在数值上发现了一些出人意料的结果,如能谱统计分布不符合 Wigner 分布而是某种对称性的分布,动力学上也并没有发现局域化-去局域化相变。这还有待进一步地挖掘。

2.3.4 二、三维量子受激转子

众所周知,自由度为 1(或 $1+1/2$)的哈密顿系统的经典动力学性质与更高自由度的系统有着本质性的区别。例如,在前者中无理 KAM 环面可将相空间分隔成不连通的区域,从而造成运动的局域化,就是专属前者的一种典型维度效应。因此,全面理解经典量子对应必须考虑高维系统。然而,由于研究高维系统非常困难,与一维系统相比,目前人们对高维系统动力学性质的了解显得非常有限。受激转子系统具有最简单的演化形式,因而也是最有可能在研究高维系统动力学方面取得突破的系统。这里的二、三维量子受激转子为 2 个(两维)和 3 个(三维)耦合在一起的受激转子系统。

系统的哈密顿量:

$$\hat{H} = \hat{H}_0(\hat{n}_i) + V(\hat{\theta}_i)\sum_m \delta(t-m), \quad m\in\mathbb{N} \tag{2.62}$$

其中:

$$\hat{H}_0(\hat{n}_i) = \frac{1}{2}\Big(\sum_i^d \tau_i \hat{n}_i^2\Big), \quad V(\hat{\theta}_i) = K\prod_i^d \cos\theta_i$$

算符 $\hat{n}_i = -\mathrm{i}\partial/\partial\theta_i$ 与 $\hat{\theta}_i$ 是一对共轭量。系统的行为由 Schrödinger 方程 $\mathrm{i}\hbar\partial\psi/\partial t = \hat{H}\psi$ 决定。当 $d=1$ 时,这里的 τ_1 就是一维量子受激转子系统中的等效 Planck 常数。同一维量子受激转子类似,系统的演化算符(Floquet 算符)可以写成

$$\hat{U} = \mathrm{e}^{-\mathrm{i}\hat{H}_0(\hat{n}_i)}\,\mathrm{e}^{-\mathrm{i}V(\hat{\theta}_i)} \tag{2.63}$$

1988 年,Eyal Doron 和 Shmuel Fishman[157]证明,把一维受激转子对应成一维紧束缚晶格模型的结果也可推广至二维($d=2$):当 τ_1/π 和 τ_2/π 都是有理数时,对应具有周期势的晶格系统;当 τ_1/π 和 τ_2/π 是无理数时,任意大小的 K 系统都会发生局域化,局域化长度随 K 值的变大而指数增长。而二维量子受激转子的能谱统计特征也可以很好地符合随机矩阵理论的结果[158]。

对于三维($d=3$)量子受激转子,对这个系统做有限时间数值分析的结果[159]显示,存在一个临界受激强度 K_c,当 $K>K_c$ 时系统不存在局域化现象并且能谱统计的结果符合 Poisson 分布;只要 τ_i/π 是无理数,在 K_c 附近系统就会存在金属-绝缘体相变(Anderson 相变),其中 K_c 的具体值与 τ_i 的选择有关,在 K_c 附近量子系统的扩散行为是 $t^{2/3}$ 形式的反常扩散。此时,也可观测到能级排斥现象,能谱统计符合 GOE 对应的分布。文献[159]中还比较了三维 Anderson 模型与 K_c 附近的三维量子受激转子系统的结果,发现它们的差别是比较小的。

早期,受到理论方法和数值模拟尺度的限制,这类较高维的受激转子系统的研究还比较少。随着场论方法的发展和成功应用以及计算机的发展,高维受激转子系统的性质逐渐成为人们关注的一个焦点。比如,高维受激转子系统中复杂的动力学现象,包括与拓扑性质有关的量子现象、高维运动在各个动量方向上的不均匀性(如棘轮效应等)、三维 Anderson 模型与三维量子受激转子的深层关系,以及准能谱和本征态的性质。

2.4 研究方法

混沌系统由于其复杂性,大部分只能进行数值计算,在少数参数下可进行解析或

通过合理近似后求解。受激转子系统除了可以进行数值计算外,还发展出了一套强大的超对称场论方法。本节主要介绍快速傅里叶变换数值方法、超对称场论方法以及接近量子共振条件下适用的伪经典极限理论。

2.4.1 数值计算

在受激转子系统中,一般通过研究系统能量随时间的演化来研究系统的动力学行为。计算能量(平均动能)最关键的是波函数的演化,受激转子系统可以用傅里叶变换方法来进行数值计算的关键原因是系统波函数的演化算符是可分离变量的,即

$$\hat{U} = \hat{U}_l \cdot \hat{U}_\theta \tag{2.64}$$

表象间的变换满足傅里叶变换〔如式(2.7)所示〕。若初始波函数是在 l 表象下的,则可通过傅里叶变换方法变换到 θ 表象下,使 $\hat{U}_\theta$ 对角化,波函数经过 $\hat{U}_\theta$ 的作用后再变换到 l 表象下,同样地,$\hat{U}_l$ 在 l 表象下是对角化的。这样就完成了整个演化算符 $\hat{U}$ 对波函数的一次演化,重复这个过程即可得到任意时刻(已离散)的波函数,进而可以计算能量随时间的演化。在数值计算中,一般用更快捷的快速傅里叶变换来实现表象间的变换。

2.4.2 理论方法

对于受激转子系统的理论研究,除了一些半经典近似方法及与一维晶格紧束缚模型对应的理论之外,还有伪经典极限理论及超对称场论方法。伪经典极限理论主要是指在反量子共振条件附近,原量子系统可以通过把"等效 Planck 常数"趋于零从而找到一个伪经典极限系统(详见 2.3.1 节),而这个伪经典极限系统的动力学行为可以和原量子系统对应。目前,这个方法已经在一维受激转子系统[160]及双激转子系统[108,147]中被运用。

超对称场论方法是由 Altland 和 Zirnbauer[80]提出、又由田矗舜和 Altland[81]发展为可以解析地计算受激转子系统的长时间动力学行为的理论方法。该方法需要把受激转子的能量表示成"二粒子格林函数"的形式,而计算二粒子格林函数需要用到超对称场论方法。把二粒子格林函数写成超对称场的泛函积分形式,其中场近似为最小作用量的场加上涨落的积分,实现这步近似需要控制参数 $\tilde{\hbar}/K$ 足够小。从这个意义上说,超对称场论方法和之前关于非线性系统的半经典极限理论是类似的。在半经典极限下,可以准确地描述系统的一些通常只能用隐式描述的可观测量。运用这个强大的理论方法已经产生了很多重大发现,如量子共振条件下受击转子能量增长的普适线性-平方转变行为[52,81]、量子共振条件下准周期受击转子的金属-超金属

相变[111]、含自旋轨道耦合系统的"整数量子霍尔效应"[15,82]动力学行为等。这些发现还得到了实验的证实[15,82,156]。

第 3 章将介绍在量子共振时 $\tilde{h}=4\pi p/q$ 场论方法的运用。当 q 很大时,可以近似看成 $\tilde{h}$ 接近 π 的无理倍(用有理数逼近无理数),文献[81]已经详细地分析了这类条件下量子受激转子系统的动力学局域化;同时给出了量子共振时受激转子系统普适的量子共振行为,但由于没有考虑系统的对称性,实验结果与数值验证存在差别;我们重新考虑了对称性的影响,给出了对称性不同的两类一般受激转子系统的普适量子共振行为。而文献[81]的结果只是其中的一种。

2.4.3　实验研究

1992 年,Graham[161]等人首先提出可以在时变光晶格超冷原子系统中研究量子混沌问题。1994 年,Moore 等人[162]首次在实验中实现上述研究,之后光学晶格中的超冷原子成为研究量子混沌的主要实验之一。1995 年,Moore 等人[72]第一次用冷原子实验实现了受激转子模型,他们将超冷钠原子(用激光冷却技术产生)置于由一束激光和它的镜面反射光形成的一维驻波场中,同时以频闪的方式周期性施加激光。经典随机参数 K 可以通过调制光晶格的强度实现调节;激光每次频闪的持续时间很短,超冷原子在激光驻波场的作用下被加速,而在相继两次频闪之间做自由运动。实验结果验证了一维受激转子系统的动力学局域化[72]和量子共振现象[72,163]。后来,人们用玻色爱因斯坦凝聚物(Bose-Einstein condensates)代替激光冷却原子,为实验研究提供了更好的初态,促进了量子混沌相关的实验研究[164,165],特别是 Anderson 金属-绝缘体相变的发现[84],如图 1.14 所示。另外,冷原子还可以实现量子混沌中的另一个模型——受激陀螺[166]。

2.5　本　章　小　结

受激转子是一个自由度为 1 并以时间的周期或准周期形式受外场驱动的系统。这个系统也许是形式上最简单的不可积系统,但其动力学行为却极为丰富、复杂,并极具代表性。从 20 世纪 90 年代起,借助冷原子实验技术,这一模型得到了实验实现,为相关的实验研究奠定了基础。这些优势使得一维受激转子系统成了量子动力学中最重要的模型,其意义对量子动力学来说,犹如理想气体模型对热力学统计物理的作用。同时,一维受激转子也是量子动力学中研究的最为充分和深入的对象,相关研究结果不仅已成为量子动力学的重要组成部分,同时还因为学科交叉对其他领域的研究产生了重要的推动作用。最著名的例子就是凝聚态物理中的 Anderson 绝缘体-导体相变,虽然早在 20 世纪 50 年代就提出了,但实验上第一次对其进行观测,是 2008 年基于对一维受激转子的理论研究结果、利用冷原子实验技术实现的。

令人吃惊的是,虽然对一维受激转子的研究已有近 40 年,并已取得丰硕成果,但它奇异丰富的动力学性质仍源源不断地被揭示出来。近年来,通过把凝聚态理论、场论等方法引入量子动力学研究,田矗舜教授及其合作者对一维受激转子系统的研究不仅在方法上取得了根本性的突破,还收获了一大批标志性的成果,其中革命性的发现就是一维受激转子系统的动力学整数量子霍尔效应。这是一种动力学量子拓扑现象,但该系统却是非绝热驱动、不可积的,也完全不具备实现传统整数量子霍尔效应所需的所有条件(如多体和费米统计等)。这一突破势必会成为深入揭示量子霍尔效应及其他量子拓扑性质的重要契机。得益于理论方法上的突破,本书在第 3 章中理论探索了一大类周期驱动系统的普适量子共振现象。

第3章
一般一维量子受激转子的量子共振

混沌系统蕴涵丰富的量子动力学现象,最典型就是量子受激转子系统。其系统哈密顿量为

$$\hat{H} = \frac{1}{2}(\tilde{\hbar}\hat{n})^2 + K\cos\hat{\theta}\sum_m \delta(t-m) \tag{3.1}$$

这是已经无量纲化的哈密顿量。算符 $\hat{n} = -\mathrm{i}\partial/\partial\theta = \hat{l}/\tilde{\hbar}$ 和 $\hat{\theta}$ 是一对共轭量。外场的激励强度 K 体现了系统的非线性强度,随着 K 的增大,对应的经典系统的混沌性(随机性)也随之增强。根据第 2 章的介绍,虽然这个量子系统的结构很简单,但是它具有丰富的动力学行为。比如,量子系统的动力学行为与有效 Planck 常数 $\tilde{\hbar}$ 的数论性质有关。对于 $\tilde{\hbar}/(4\pi)$ 为无理数的一般情况,转子的平均动能(能量)长时间趋于饱和[23];与之形成鲜明对比的是,能量在经典极限系统中的增长是线性的[85]。量子系统的这种动力学行为称为动力学局域化,与 Anderson 绝缘体[79]对应;而经典系统的动力学行为与一般金属对应。更令人惊讶的是,量子受激转子的各种变体系统存在更丰富的 $\tilde{\hbar}$ 驱动现象,这些现象与各种广泛的凝聚态系统有联系[111,108,145,156,167-171]。尤其是最近,在人们发现的有自旋的受激转子系统中,Planck 量子可以驱动连续的Anderson 绝缘体-金属相变,而这个现象在数学上等价于整数 Hall 效应[15,82]。

受激转子系统共有的一个特殊现象是等效 Planck 常数为 $\tilde{\hbar}/(4\pi) = p/q$($p$ 和 q是互素的整数)的特殊情况下的量子共振[172]。当 $\tilde{\hbar}$ 取这类值时,转子的平均动能在长时间下呈现出比经典对应下线性增长更快的平方增长。这类动力学行为对应于电导率发散的完美晶格系统中电子的弹道运动,因此也被称为"超金属"。从物理上看,这是由于当 $\tilde{\hbar}/(4\pi)$ 取有理数时,系统在角动量空间上存在平移对称性,Bloch 能带中的共振传输导致了超金属(二次型)增长。系统的动力学行为对有效 Planck 常数 $\tilde{\hbar}$ 的数论性质的敏感性是受激转子系统区别于真实无序系统的一个显著特征。几十年来,量子混沌领域的学者已经在理论和实验方面对量子共振现象进行了研究。最近,

受激转子的超金属相已经在化学体系中被实验实现并被提出一些潜在的应用,如实现分子的自旋选择转动激发[173]。

目前,许多研究都关注着超金属型的增长以及系统的混沌性所起的作用。2010 年,田蠡舜和 Altland[81]首次用场论方法研究发现:受激转子系统的混沌性导致了普适的能量增长的金属-超金属过渡行为,这个动力学行为与系统的具体细节〔如 p、q、激励强度(需要足够大以保证系统是混沌的)的具体数值〕无关。此外,人们已经发现这类普适的动力学行为与完美晶体的光电导[174,175]和周期多面包师映射[176-178]的量子行走都有深层关系。这样自然就引发一些基本问题:量子共振(超金属型)动力学行为究竟有多普适? 特别是在更一般的周期混沌系统中是否存在这类动力学行为? 系统对称性对这类动力学行为是否有影响? 为了研究这些问题,首先需要了解对称性不同的一般一维量子受激转子系统。

3.1 一般一维量子受激转子系统

本章探索了一大类一般一维量子受激转子系统在 $\tilde{\hbar}/(4\pi)$ 取有理数时的动力学行为,本节介绍模型和分析系统的对称性。

考虑具有以下形式的更一般的哈密顿量:

$$\hat{H} = H_0(\hat{n}) + K\cos\hat{\theta}\sum_m\delta(t-m) \tag{3.2}$$

这里假设自由转动部分的哈密顿量 $H_0(\hat{n})$ 是一个解析函数,可以展开成

$$H_0(\hat{n}) = \sum_{k=0}^{\infty} c_k\hat{n}^k \tag{3.3}$$

其中,展开系数 c_k 通常依赖 $\tilde{\hbar}$,角动量算符 $\hat{n}$ 和角度算符 $\hat{\theta}$ 是一对共轭量。在动量表象下,角动量算符的本征方程为 $\hat{n}|\tilde{n}\rangle=\tilde{n}|\tilde{n}\rangle$,$\tilde{n}\in\mathbb{Z}$。当自由转动项 $H_0(\hat{n})=\frac{1}{2}\tilde{\hbar}^2\hat{n}^2$ 系统还原到标准量子受激转子系统〔如式(3.1)所示〕时,系统的量子演化可以表示成频闪动力学,即整数时间 t 时刻的波函数为

$$|\psi(t)\rangle=\hat{U}^t|\psi(0)\rangle, \quad t\in\mathbb{Z} \tag{3.4}$$

其中,Floquet 算符:

$$\hat{U}=\mathrm{e}^{-\frac{i}{2\hbar}\hat{H}_0}\mathrm{e}^{-\frac{iK}{\hbar}\cos\hat{\theta}}\mathrm{e}^{-\frac{i}{2\hbar}\hat{H}_0} \tag{3.5}$$

这里考虑的是量子共振条件 $\tilde{\hbar}/4\pi=p/q$ 下系统的演化行为。

首先,c_k 必须满足 $H_0/\tilde{\hbar}$ 是 2π 的倍数使得系统在变换:

$$\hat{T}_q: \hat{n}\to\hat{n}+q \tag{3.6}$$

下有

$$[\hat{U}, \hat{T}_q] = 0 \qquad (3.7)$$

即系统在 $\hat{n}$ 空间中存在平移对称性。这时,系统存在超金属相。

然后,系统需要有一个有效的"时间反演对称性"。具体来说,就是系统的哈密顿量在"时间反演"变换:

$$\hat{T}_c: \hat{n} \to \hat{n}, \quad \hat{\theta} \to -\hat{\theta}, \quad t \to -t \qquad (3.8)$$

下是不变的。系统的这个对称性有一个重要结果,就是

$$\hat{U}^{\mathrm{T}} = \hat{U} \qquad (3.9)$$

其中,上标 'T' 表示转置。$\hat{T}_c$ 对称性的存在使得系统在随机矩阵理论中属于正交类。

最后,如果对于所有奇数 k 都有 $c_k = 0$,则 $H_0(\hat{n})$ 和系统有了一个额外的对称性,即 $\hat{U}$ 在变换:

$$\hat{T}_i: \hat{n} \to -\hat{n} \qquad (3.10)$$

下是不变的,否则系统没有这个对称性。参照固体物理中的叫法,把这个对称性称为"反转对称性"[179]。反转对称性对量子共振现象的影响还没有被探索过,而这正是本章的主题。

3.2 超对称场论方法及结果

本节主要介绍共振条件下一般量子受激转子系统动力学的一种解析方法,特别考虑了反转对称性的影响。用这个理论方法解析计算转子的平均动能:

$$E(t) \equiv \frac{1}{2} \langle \psi(t) | \hat{n}^2 | \psi(t) \rangle \qquad (3.11)$$

为了简化技术又不失一般性,本节假设系统的初态是一个角动量为 0 的纯态,即 $|\psi(0)\rangle = |0\rangle$。

3.2.1 简化系统

系统角动量空间的演化由演化算符决定,平均动能(能量)的演化表示成二粒子格林函数 $K_\omega(n)$ 的傅里叶变换,初态通常取 $|\psi(0)\rangle = |0\rangle$:

$$E(t) = \frac{1}{2} \sum_{\tilde{n}} \tilde{n}^2 \int \frac{\mathrm{d}\omega}{2\pi} \mathrm{e}^{-\mathrm{i}\omega t} K_\omega(\tilde{n}, 0) \qquad (3.12)$$

其中,密度关联函数为

$$K_\omega(\tilde{n}, \tilde{n}') \equiv \sum_{t,t'=0}^{+\infty} \left\langle \langle \tilde{n} \mid (\hat{U} e^{i\omega_+})^t \mid \tilde{n}' \rangle \langle \tilde{n}' \mid (\hat{U} e^{i\omega_-})^{-t'} \mid \tilde{n} \rangle \right\rangle_{\omega_0} \tag{3.13}$$

这里 $\omega_\pm = \omega_0 \pm \dfrac{\omega}{2}$,可将 ω 理解成 $\omega + i\delta$;$\delta \to 0$;$\langle \cdot \rangle_{\omega_0} \equiv \dfrac{1}{2\pi}\displaystyle\int_0^{2\pi} d\omega_0$。对 t, t' 求和后:

$$K_\omega(\tilde{n}, \tilde{n}') = \left\langle \langle \tilde{n} \mid \hat{G}^+(\omega_+) \mid \tilde{n}' \rangle \langle \tilde{n}' \mid \hat{G}^-(\omega_-) \mid \tilde{n} \rangle \right\rangle_{\omega_0} \tag{3.14}$$

其中:

$$G^\pm(\omega_\pm) = \sum_{t=0}^{+\infty} (e^{i\omega_\pm} \hat{U})^{\pm t} \tag{3.15}$$

利用级数公式可写成

$$G^\pm(\omega_\pm) = \frac{1}{1 - (e^{i\omega_\pm} \hat{U})^{\pm 1}} \tag{3.16}$$

其中上标 $+(-)$ 表示延迟(超前)的格林函数。

进一步考虑演化算符 $\hat{U}$ 的本征能谱和本征函数。系统平移对称性的存在蕴涵着一个好量子数,即 Bloch 相位 $\theta \in [0, 2\pi/q]$。根据 Bloch 定理,有

$$\hat{U} \mid \psi_{\alpha,\theta} \rangle = e^{i\epsilon_\alpha(\theta)} \mid \psi_{\alpha,\theta} \rangle \tag{3.17}$$

其中,准能谱 $\{\epsilon_\alpha(\theta)\}$ 和相应的本征向量 $\{\mid \psi_{\alpha,\theta}\rangle\}$ 都依赖 θ。Bloch 波函数可以写成

$$\psi_{\alpha,\theta}(\tilde{n}) \equiv \langle \tilde{n} \mid \psi_{\alpha,\theta} \rangle = e^{i\tilde{n}\theta} \varphi_{\alpha,\theta}(\tilde{n}) \tag{3.18}$$

$\varphi_{\alpha,\theta}(\tilde{n})$ 是一个 q 周期的波函数:

$$\varphi_{\alpha,\theta}(\tilde{n}) = \varphi_{\alpha,\theta}(\tilde{n}+q) = \varphi_{\alpha,\theta}(n) \tag{3.19}$$

方程式(3.19)的最后一个等式中,$\tilde{n}$ 写成 $n+Nq$,其中 n 满足 $0 \leqslant n \leqslant q-1$ 且 $N \in \mathbb{Z}$,并利用了 $\varphi_{\alpha,\theta}(\tilde{n})$ 的周期性。把 Bloch 定理运用到方程式(3.12)中,可以把能量表示成

$$E(t) = -\frac{1}{2} \int \frac{d\omega}{2\pi} e^{-i\omega t} \sum_{n=0}^{q-1} \int_b d\theta_+ \; \partial_{\theta_-}^2 \mid_{\theta_- = \theta_+} K_\omega(n) \tag{3.20}$$

这里引入了记号:$\displaystyle\int_b d\theta \equiv \dfrac{q}{2\pi} \displaystyle\int_0^{2\pi/q} d\theta$。其中:

$$K_\omega(n) = \left\langle\!\!\left\langle n \left| \frac{1}{1 - e^{i\omega_+} \hat{U}_{\theta_+}} \right| 0 \right\rangle \times \left\langle 0 \left| \frac{1}{1 - e^{-i\omega_-} \hat{U}_{\theta_-}^\dagger} \right| n \right\rangle\!\!\right\rangle_{\omega_0} \tag{3.21}$$

是描述限制在一个周长为 q 的圆上的频闪动力学二粒子密度关联函数。这个简化系统的动力学可以由一个含 θ 的 Floquet 算符给出:

$$\hat{U}_\theta = e^{-\frac{i}{2\hbar}\hat{H}_0} e^{-\frac{iK}{\hbar}\cos(\hat{\theta}+\theta)} e^{-\frac{i}{2\hbar}\hat{H}_0} \tag{3.22}$$

从物理上来说,$K_\omega(n)$ 表示简化系统动力学的超前和延迟振幅间的关联,Bloch 相位 θ 的存在相当于引入了一个穿透圆的"Aharonov-Bohm 磁通" $q\theta$,如图 3.1 所示。

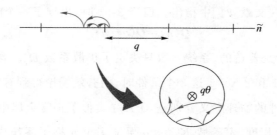

图 3.1　原系统转化为简化系统的示意图

注意到,由 $\hat{U}_{\theta}$ 表示的简化系统的有效时间反演对称性 $\hat{T}_c$ 已经被 Bloch 相位破坏了(如果 $\theta \neq 0, \pi$)。这样就会引发一个问题:量子共振条件下,对 $\hat{T}_c$ 对称性的破坏能否使得系统在随机矩阵理论中属于幺正类?研究表明,这个问题的答案取决于 $H_0(\hat{n})$ 是否存在反转对称性 $\hat{T}_i$。如果不存在反转对称性,系统就属于幺正类;反之,由于 $\hat{U}_{\theta}$ 在联合变换 $\hat{T}_i \hat{T}_c$ 下是不变的,因此简化系统回到正交类。接下来,从理论和数值方面详细说明这个结论。

3.2.2　场论方法及结果

本节通过计算系统的能量演化研究系统的动力学行为。上面的分析中把能量表示成二粒子格林函数 $K_{\omega}(n)$ 的傅里叶变换的形式,因此现在的挑战就是固定参数 $\theta_{\pm}$ 计算二粒子关联函数。这里应用到的计算方法是超对称场论方法。按照文献[81]提出的方法,可以将 $K_{\omega}(n)$ 表示成一个泛函积分的形式:

$$K_{\omega}(n) = -\frac{1}{2^4} \int d\boldsymbol{Q} e^{-S[Q]} \times \mathrm{str}(k(\boldsymbol{Q}(n))_{+2,-2} k(\boldsymbol{Q}(0))_{-2,+2}) \tag{3.23}$$

这里的 $\boldsymbol{Q} \equiv \{Q_{\lambda\alpha\beta, \lambda'\alpha'\beta'}\}$ 是一个定义在 3 个空间上的 8×8 的超矩阵(见附录 A)。指标 $\lambda = +(-)$ 表示超前(滞后)空间;$\alpha = f, b$,表示费米-玻色("FB")空间;$\beta = 1, 2$,表示"T"空间,$\beta = 1(2)$ 表示在变换 $\hat{T}_i \hat{T}_c$ 下不变(变化);$\boldsymbol{Q}$ 满足周期性边界条件 $\boldsymbol{Q}(n) = \boldsymbol{Q}(n+q)$。这里的常数矩阵 $k = \boldsymbol{\sigma}_{\mathrm{FB}}^3 \otimes \boldsymbol{\sigma}_{\mathrm{AR}}^0 \otimes \boldsymbol{\sigma}_{\mathrm{T}}^0$,$\boldsymbol{\sigma}_{\mathrm{X}}$ 是在 X 空间中 2×2 的单位矩阵。式(3.23)中的作用量可以写成

$$S = \frac{1}{2^4} \int_0^q dn \, \mathrm{str}(D_q(\mathrm{i}\partial_n \boldsymbol{Q} - [\hat{\boldsymbol{\Theta}}, \boldsymbol{Q}])^2 - 2\mathrm{i}\omega \boldsymbol{Q} \boldsymbol{\sigma}_{\mathrm{AR}}^3) \tag{3.24}$$

其中:

$$\hat{\boldsymbol{\Theta}} = \begin{pmatrix} \theta_+ & 0 \\ 0 & \theta_- \end{pmatrix}_{\mathrm{AR}} \otimes \boldsymbol{\sigma}_{\mathrm{T}}^{-1+\beta^2} \otimes \boldsymbol{\sigma}_{\mathrm{FB}}^0 \tag{3.25}$$

当 $\beta = 2$ 时,矩阵 $\boldsymbol{\sigma}_{\mathrm{T}}^{-1+\beta^2} = \boldsymbol{\sigma}_{\mathrm{T}}^3$ 代表在 $\hat{T}_c$ 作用下 Aharonov-Bohm 磁通的符号变化,相

应的有效场论已经在文献[81]中指出。但当 $\beta = 1$ 时,出现了一个附加的对称性:

$$Q(n) = Q(q-n) \tag{3.26}$$

注意,这里的作用量是普适的,系统参数只决定了扩散系数 D_q。当满足①$1 \ll K/\tilde{\hbar} \ll q \ll (K/\tilde{\hbar})^2$、②$\omega \ll 1$ 和③$K \gg 1$ 这 3 个条件时,用有效场论得到有效作用量的方法较为适用。这 3 个条件的物理意义分别是:①$K/\tilde{\hbar}$ 类似于正常金属中的"平均自由程",$(K/\tilde{\hbar})^2$ 代表局域化长度,不等式 $K/\tilde{\hbar} \ll q$ 保证了单元格子系统中运动的扩散,$q \ll (K/\tilde{\hbar})^2$ 意味着系统远离局域化,保证系统处于超金属相;②$\omega \ll 1$ 表示时间长度比激励周期大得多的长期动力学行为;③$K/\tilde{\hbar} \gg 1$ 时,系统角度(更准确地说是 $\sin\hat{\theta}$)的关联快速衰减,也就是系统处于强混沌区,也保证了 Floquet 算符 $\hat{U}_\theta$ 的准能谱 $\{\varepsilon_\alpha(\theta)\}$ 遵从混沌谱的 Wigner-Dyson 分布中的 GOE 分布($\beta = 1$)和 GUE 分布($\beta = 2$)。

理论上讲,扩散系数 D_q 除了依赖系统参数 K 和 $\tilde{\hbar}$,还依赖 H_0 的具体细节,如 c_k。而 H_0 对扩散系数的贡献来自短时关联[81]。对 $K/\tilde{\hbar} \gg 1$ 的情况,这些关联可以忽略不计,因此 D_q 只依赖参数 $(K, \tilde{\hbar})$,也就是 $D_q = D_q(K, \tilde{\hbar}) \sim (K/\tilde{\hbar})^2$,即在这些条件下量子系统在短时间内的扩散行为与经典系统的扩散一致。

接下来用方程式(3.20)、式(3.23)和式(3.24)解析计算出 $E(t)$ 的具体表达式。首先,根据文献[81]指出的当 $\omega \lesssim \Delta \equiv 2\pi/q$($\Delta$ 是每个周期 q 内的平均准能谱间距)时,非齐次模(inhomogeneous)Q 场的涨落对有效作用量式(3.24)的贡献可以忽略不计,所以 $Q(n) \equiv Q = $ 常数。带入式(3.24),"零模作用量"可以写成

$$S = \frac{\pi}{8\Delta} \mathrm{str}(D_q[\hat{\boldsymbol{\Theta}}, \boldsymbol{Q}]^2 - 2\mathrm{i}\omega \boldsymbol{Q}\boldsymbol{\sigma}_{\mathrm{AR}}^3) \tag{3.27}$$

然后,利用文献[180]中的 Q 场参数化的技术,把对 Q 的积分很好地写成 Q 矩阵的极坐标表示的形式。之后与文献[81]给出的计算过程类似,把参数化后的 Q 场带入可求得作用量和关联函数,最后给出系统能量的解析式。具体的计算过程见附录 A,这里直接给出结果:

$$\frac{E(t)}{qD_q} = F(\tilde{t}), \quad \tilde{t} = \frac{t}{q} \tag{3.28}$$

通过标度变换后写出的 $F(\tilde{t})$ 具有普适的形式:由前面的讨论可知,系统的细节只决定了扩散系数 D_q 和时间标度,不影响 $F(\tilde{t})$ 的形式。$F(\tilde{t})$ 的形式依赖于系统的对称性:

(1) 对于 H_0 有反转对称性的情况,简化的单位格子量子系统属于正交型系统,有(详细计算过程参考附录 A)

$$F(\tilde{t}) = \frac{1}{8} \int_1^\infty \mathrm{d}\lambda_1 \int_1^\infty \mathrm{d}\lambda_2 \int_{-1}^1 \mathrm{d}\lambda \delta(2\tilde{t} + \lambda - \lambda_1\lambda_2) \times \frac{(1-\lambda^2)(1-\lambda^2-\lambda_1^2-\lambda_2^2+2\lambda_1^2\lambda_2^2)}{(\lambda^2+\lambda_1^2+\lambda_2^2-2\lambda\lambda_1\lambda_2-1)^2}$$

$$\tag{3.29}$$

在短时间内($\tilde{t} \ll 1$),方程式(3.29)中的 Dirac 函数的存在意味着积分的主要贡献集中于 $\lambda, \lambda_{1,2} \approx 1$,因此,可以在 $\lambda, \lambda_{1,2} \approx 1$ 附近展开并保留 $F(\tilde{t})$ 展开式的低次项,结果得到 $F(\tilde{t} \ll 1) \sim \tilde{t}$。在长时间内,积分的主要贡献集中于 $\lambda = O(1)$ 且 $\lambda_{1,2} \gg 1$,同样有 $F(\tilde{t} \gg 1) \sim \tilde{t}^2$。

(2) 对于 H_0 没有反转对称性的情况,简化的单位格子量子系统属于幺正型系统,结果与文献[81]之前得到的一样:

$$F(\tilde{t}) = \begin{cases} \tilde{t} + \dfrac{1}{3}\tilde{t}^3, & 0 < \tilde{t} < 1 \\[2mm] \tilde{t}^2 + \dfrac{1}{3}, & \tilde{t} > 1 \end{cases} \tag{3.30}$$

根据解析结果,式(3.29)和式(3.30)预言了能量曲线存在从金属到超金属过渡的普适的动力学行为。为了方便比较,在图 3.2 中用虚线画出了 $\tilde{t}$ 和 $\tilde{t}^2$ 的趋势线。存在(蓝色实线)和不存在(黑色实线)反转对称性的结果显示,两种对称性不同的系统分别存在两种普适的从金属($\sim \tilde{t}$)到超金属($\sim \tilde{t}^2$)的能量增长。

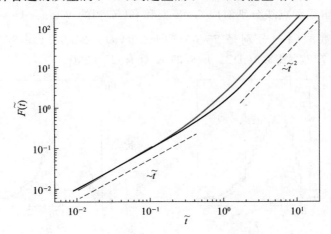

图 3.2 对具有(不具有)反转对称性的一般受激转子系统的能量演化的场论结果

另外,这个结果的长期动力学行为与前面介绍过的标准受激转子系统在量子共振下的超金属动力学行为一致。

3.3 数值验证结果

本节对场论方法在不同对称性下得到的理论结果式(3.29)和式(3.30)进行了数值验证。为了从数值上研究动力学转变行为的普适性,本节考虑了不同形式的 H_0(哈密顿量中代表自由转动的项)。多种参数下(包括不在理论要求范围内的参数)的模拟结果显示,虽然由理论方法推得这两类普适的动力学过渡行为需要满足条件 $1\ll K/\tilde{\hbar}\ll q\ll(K/\tilde{\hbar})^2$,但数值验证表明理论结果在更大的范围内成立。令人惊讶的是,该理论结果对受激 Harper 模型[167,168]仍然成立。而这个模型被证明在非量子共振条件下($\tilde{\hbar}/4\pi$ 为无理数)的量子动力学行为与标准受激转子[145,169]存在根本上的不同。

3.3.1 多项式型自由哈密顿项系统的模拟结果

首先考虑多项式型的自由哈密顿量,其具体形式为

$$\hat{H}_0=\frac{\tilde{\hbar}^2}{2}(\alpha_2\hat{n}^2+\alpha_3\hat{n}^3) \tag{3.31}$$

其中 $\alpha_{2,3}\in\mathbb{N}$。当 $\alpha_3=0$ 时,存在反转对称性 $\hat{T}_i$,反之不存在。

图 3.3 中,黑色阶梯线表示 $\alpha_2=1,\alpha_3=0$ 系统的结果,蓝色阶梯线表示 $\alpha_2=0$,$\alpha_3=1$ 的结果,虚线和点线分别对应 GOE 型和 GUE 型的 Wigner-Dyson 分布。数值模拟的系统参数 $\tilde{\hbar}/(4\pi)$ 分别是 55/691〔图 3.3(a)〕、24/301〔图 3.3(b)〕、24/299〔图 3.3(c)〕和 7/87〔图 3.3(d)〕。所有的 K 都有:$K=300$。

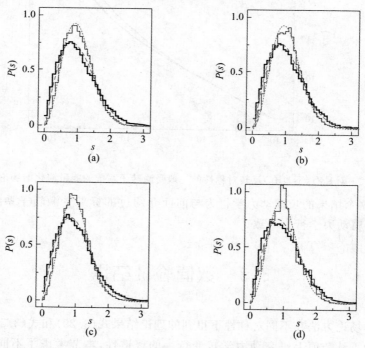

图 3.3 不同参数下不同对称性的系统的最近邻能谱间距统计 $P(s)$

在计算系统的能量前,需要验证准能谱的统计性质,保证数值研究的系统处于混沌区,与理论要求一致。对一个给定的 Bloch 相位,数值对角化 Floquet 算符 $\hat{U}_\theta$ 得到一套准能谱$\{\varepsilon_\alpha(\theta)\}$。随机选取足够大的系综,包含 1 000 个的 θ,统计能谱涨落的最近邻能级间距,得到它的分布 $P(s)$。对 $\alpha_2=1,\alpha_3=0$(存在 $\hat{T}_i$ 对称性)和 $\alpha_2=0$,$\alpha_3=1$的系统(不存在 $\hat{T}_i$ 对称性),分别在系统参数 $\tilde{\hbar}/(4\pi)$ 为 55/691〔图 3.3(a)〕、24/301〔图 3.3(b)〕、24/299〔图 3.3(c)〕和 7/87〔图 3.3(d)〕的情况下进行模拟,本章系统参数 K 都为 300(足够大),以保障系统处于混沌区。结果显示,对于 $\alpha_2=1,\alpha_3=0$的系统(图 3.3 中实阶梯线),$P(s)$符合 GOE 类的 Wigner-Dyson 分布;$\alpha_2=0,\alpha_3=1$时(图 3.3 中点画型阶梯线),$P(s)$符合 GUE 类的 Wigner-Dyson 分布。因此,上述系统是足够混沌的,处于场论方法的使用范围内。

如图 3.4 所示,对不同程度破坏反转对称性的系统,只要 α_3 不为零,数值结果(点画型阶梯线)都符合 GUE 型的 Wigner-Dyson 分布(点线)。图 3.4(a)对应参数 $\alpha_2=1,\alpha_3=99$;图 3.4(b)对应参数 $\alpha_2=99,\alpha_3=1$。其他参数一样:$\tilde{\hbar}/(4\pi)=8/101$,$K=300$。图 3.4 中的虚线符合 GOE 型的 Wigner-Dyson 分布。

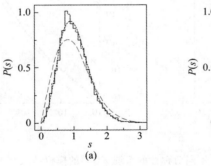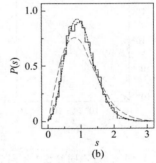

图 3.4　对不同程度破坏反转对称性的系统的最近邻能谱间距统计 $P(s)$

对每个给定自由哈密顿项 H_0 的系统,用快速傅里叶变换方法数值模拟系统的量子演化〔式(3.4)〕,从而得到能量的演化 $E(t)$〔式(3.11)〕,并由式(3.28)得到 $F(\tilde{t})$。按照理论预言 $F(\tilde{t})$ 的结果,根据系统是否存在 $\hat{T}_i$ 对称性将其分成两个普适类。图 3.5 示出了给定多项式型的自由哈密顿项的系统得到的 $F(\tilde{t})$ 的数值结果。其中,蓝色实线代表 $\alpha_2=1,\alpha_3=0$ 系统的结果,黑色点画线代表 $\alpha_2=0,\alpha_3=1$ 的结果。它们分别有力地证实了对正交类(黑色虚线)系统和幺正类(蓝色点线)系统的理论预言。为了方便比较,系统的参数与图 3.3 对应一致。从图 3.5 中可以看出,对 $\alpha_3=0$ 且存在 $\hat{T}_i$ 对称性的系统,数值结果和由方程式(3.29)给出的理论结果完全吻合;对

$\alpha_2=0$ 且不存在 $\hat{T}_1$ 对称性的系统,数值结果和由方程式(3.30)给出的理论结果也完全吻合。数值验证还发现,由方程式(3.29)和方程式(3.30)给出的金属-超金属过渡的普适的能量增长行为不仅在理论允许区 $K/\tilde{\hbar} \ll q \ll (K/\tilde{\hbar})^2$〔图 3.5(a)〕适用,在非理论允许区 $q \lesssim K/\tilde{\hbar}$〔图 3.5(b)～图 3.5(d)〕中也发现了完全符合理论预言的金属-超金属过渡的普适的能量增长行为。

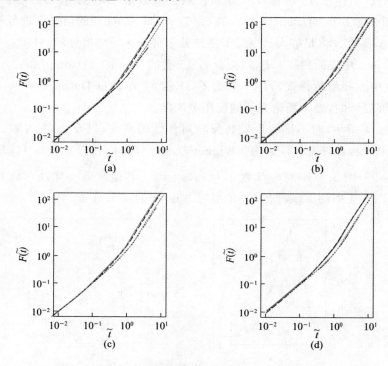

图 3.5　不同参数下不同对称性的系统 $F(\tilde{t})$ 的模拟结果

更一般地,为了进一步研究系统的行为对 $\hat{T}_1$ 对称性的依赖程度,在不同程度破坏反转对称性 $\hat{T}_1$ 的系统中进行数值模拟。数值结果(图 3.4 中点画型阶梯线)显示,对强烈破坏反转对称性($\alpha_2=1, \alpha_3=99$)的系统和轻微破坏反转对称性($\alpha_2=99, \alpha_3=1$)的系统,只要 $\alpha_3 \neq 0$,$P(s)$ 都是符合 GUE 型的 Wigner-Dyson 分布;而且 $\hat{T}_1$ 对称性起到了关键作用,存在 $\hat{T}_1$ 对称性与否决定了系统在随机矩阵理论中是属于正交类还是属于幺正类。对应地,如图 3.6 所示,只要 $\alpha_3 \neq 0$,准能谱就满足 GUE 类 Wigner-Dyson 分布的系统,它的能量增长(图 3.6 中黑色点画线)即满足由方程式(3.30)描述的金属-超金属过渡的增长方式(图 3.6 中蓝色点线),证明了系统的动力学行为对系统的对称性是很敏感的。这里的系统参数与图 3.4 对应一致。为了方便比较,图 3.6 中的浅灰色虚线表示由方程式(3.29)描述的正交型的过渡行为。

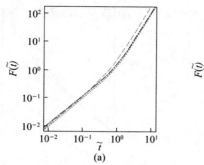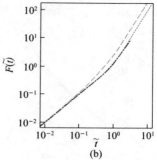

图 3.6 对不同程度破坏反转对称性的系统 $F(\tilde{t})$ 的模拟结果

3.3.2 非多项式型自由哈密顿项系统的模拟结果

对于自由哈密顿项为有限项多项式型的系统,上节已经数值验证了量子共振下系统的动力学行为与理论分析一致。那对于无限高次的系统,即 H_0 不是多项式型的系统时的情况又是什么样的呢?为了研究这个问题,考虑:

$$H_0 = L\cos(\tilde{\hbar}\,\hat{n} + \phi) \tag{3.32}$$

这里 L 是一个非 0 常数。当相位参数 $\phi = 0$ 时,这个系统就是一般的受激 Harper 模型[167,168],存在反转对称性。当 $\phi \neq 0$ 时,反转对称性被破坏。

同样地,首先用能谱统计满足 Wigner-Dyson 分布(GOE 类或 GUE 类)来验证系统的混沌性。其中,$\tilde{\hbar}/(4\pi) = 24/301, L = K = 300$。图 3.7 给出了 Floquet 算符 $\hat{U}_\theta$ 的能谱涨落的统计结果。对 $\phi = 0(\pi/2)$ 系统存在(不存在)反转对称性,$P(s)$ 遵从 GOE(GUE)类的 Wigner-Dyson 分布,如图 3.7(a)中的虚线〔图 3.7(b)中的点线〕所示。相应地,与图 3.7 对应的系统的能量增长分别如图 3.8(a)中的实线和图 3.8(b)中的实线所示。结果显示,它们分别符合方程式(3.29)给出的正交类(虚线)和式(3.30)给出的幺正类(点线)的结果。不同对称性的能量增长的类型与能谱统计的结果再一次分别对应。所以,本章得到的金属-超金属的动力学转变的一般的理论结果对受激 Harper 模型也是成立的。

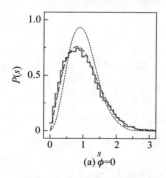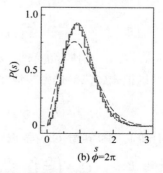

图 3.7 对称性不同的受激 Harper 模型的最近邻能谱统计 $P(s)$

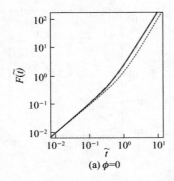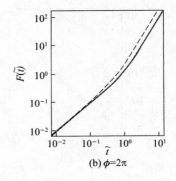

图 3.8　对称性不同的受激 Harper 模型的能量增长模拟图

3.4　随机矩阵理论的动力学结果

本节提供一个近似的理论方法来计算能量演化。从这个方法可以得到,动力学过渡行为的普适性是根植于 Bloch 能谱的涨落及本征函数涨落的普适性中的,而能谱的涨落和本征函数的统计性质可以用随机矩阵理论得到。有趣的是,在这个方法中揭露了量子共振(超金属相)下的受激转子系统与周期多面包师映射[176-178]的关系。

为了计算能量的一般表达式,考虑角动量空间是周期的并包含 M 个单元。由于对这个问题初始条件并不重要,因此假设系统的能量增长从初始态 $|\psi(0)\rangle = |\tilde{n}\rangle$ 开始,并把能量对 $\tilde{n}$ 求平均。数学上,这相当于制备一个"平衡态" $\rho_{\rm eq} = (qM)^{-1} \sum_{\tilde{n}} |\tilde{n}\rangle\langle\tilde{n}|$,满足 $\hat{U} \rho_{\rm eq} \hat{U}^\dagger = \rho_{\rm eq}$。

根据能量 $E(t)$ 的定义,可以写成

$$E(t) = \frac{1}{2} \sum_{\tau_{1,2}=0}^{t-1} {\rm tr}(\rho_{\rm eq} \hat{v}(\tau_1) \hat{v}(\tau_2)) \equiv \frac{1}{2} \sum_{\tau_{1,2}=0}^{t-1} C_{\tau_1,\tau_2} \tag{3.33}$$

$\hat{v} \equiv \dfrac{K}{\tilde{\hbar}} \sin \hat{\theta}$ 可以看成在角动量空间中运动的"速度"算符:

$$\hat{v}(\tau) = (\hat{U}^\dagger)^\tau \hat{v} \, \hat{U}^\tau \tag{3.34}$$

而 $C_{\tau_1,\tau_2} = \langle \hat{v}(\tau_1) \hat{v}(\tau_2) \rangle$ 是速度的自关联函数,由于它满足 $C_{\tau_1,\tau_2} = C_{\tau_1-\tau_2,0} = C_{0,\tau_1-\tau_2} \equiv C_{\tau_1-\tau_2}$,因此可以把式(3.33)进一步简化成

$$E(t) = \frac{1}{2} \left(C_0 t + 2 \sum_{\tau=1}^{t-1} (t-\tau) C_\tau \right) \tag{3.35}$$

接下来计算自关联函数 C_τ。根据它的定义式(3.33),可以写成

$$C_\tau = \left(\frac{K}{\tilde{\hbar}} \right)^2 \frac{1}{qM} {\rm tr}((\hat{U}^\dagger)^\tau \sin \hat{\theta} \, \hat{U}^\tau \sin \hat{\theta}) \tag{3.36}$$

利用 Bloch 定理式(3.17),有

$$C_\tau = \left(\frac{K}{\hbar}\right)^2 \frac{1}{qM} \sum_{a,a'} \sum_{\theta,\theta'} e^{-i(\varepsilon_a(\theta)-\varepsilon_{a'}(\theta'))\tau} \times |J_{a\theta,a'\theta'}|^2 \tag{3.37}$$

$$J_{a\theta,a'\theta'} = \langle \psi_{a,\theta} | \sin\hat{\theta} | \psi_{a',\theta'} \rangle \tag{3.38}$$

其中,J 的矩阵元可以简化成

$$\begin{aligned} J_{a\theta,a'\theta'} &= \frac{1}{2iM} \sum_{\widetilde{n},\widetilde{n}'} \varphi_{a,\theta}^*(\widetilde{n}) \varphi_{a',\theta'}(\widetilde{n}') e^{i(\widetilde{n}\theta - \widetilde{n}'\theta')} (\delta_{\widetilde{n}-\widetilde{n}',1} - \delta_{\widetilde{n}-\widetilde{n}',-1}) \\ &= \frac{1}{2i} \delta_{\theta\theta'} \sum_{n=0}^{q-1} [\varphi_{a,\theta}^*(n) \varphi_{a',\theta}(n-1) e^{i\theta} - \varphi_{a,\theta}^*(n) \varphi_{a',\theta}(n+1) e^{-i\theta}] \\ &\equiv \delta_{\theta\theta'} J_{aa'}(\theta) \end{aligned} \tag{3.39}$$

在上式第二个等式的推导中,对所有布拉维晶格求和使得 $\theta=\theta'$。把方程式(3.39)代入方程式(3.37),得

$$C_\tau = \left(\frac{K}{\hbar}\right)^2 \frac{1}{qM} \sum_{a,a'} \sum_{\theta} e^{-i(\varepsilon_a(\theta)-\varepsilon_{a'}(\theta))\tau} |J_{aa'}(\theta)|^2 \tag{3.40}$$

把方程式(3.36)和方程式(3.40)中的 τ 设为 0,得到一个恒等式:

$$\frac{1}{Mq} \sum_{a,a'} \sum_{\theta} |J_{aa'}(\theta)|^2 = \frac{1}{2} \tag{3.41}$$

方程式(3.35)和方程式(3.40)给出了计算 $E(t)$ 的精确公式,而这个公式在形式上与周期多面包师映射均方位移的公式〔文献[178]中的式(17)和式(22)〕是相同的。多面包师映射本质上是由无数个在空间上周期的互相耦合在一起的标准面包师映射组成的。从方程式(3.40)可以看出,准能谱$\{\varepsilon_a(\theta)\}$和对应的本征函数 $\varphi_{a,\theta}$ 是关联在一起的。他们分别决定了因子 $e^{-i(\varepsilon_a(\theta)-\varepsilon_{a'}(\theta))\tau}$ 和矩阵元 $J_{aa'}(\theta)$。由于在单元 q 内的简化量子系统(对给定 Bloch 相位 θ)是混沌的,因此系统演化算符的准能谱$\{\varepsilon_a(\theta)\}$和本征向量 $\varphi_{a,\theta}$ 都存在混沌涨落。如果假设他们的涨落是各自独立的,那么关联函数可以简化为

$$C_\tau \rightarrow \left(\frac{K}{\hbar}\right)^2 \frac{1}{Mq} \sum_{a,a'} \sum_{\theta} \langle e^{-i(\varepsilon_a(\theta)-\varepsilon_{a'}(\theta))\tau} \rangle \times \langle |J_{aa'}(\theta)|^2 \rangle \tag{3.42}$$

其中,$\langle \cdot \rangle$ 表示对能谱和本征函数的系综平均。这样就可以用随机矩阵理论得到准能谱涨落和本征函数涨落的系综统计结果,进而得到能量的表达式。

　　前面已经理论分析并数值验证了有(没有)反转对称性的系统属于随机矩阵理论中的 GOE(GUE)类。对于没有反转对称性的系统($\beta=2$),根据文献[178]的结论,由随机矩阵理论得

$$\langle e^{-i(\varepsilon_a(\theta)-\varepsilon_{a'}(\theta))\tau} \rangle = \begin{cases} 1, & \tau=0 \\ \dfrac{\tau-q}{q(q-1)}, & 0<\tau<q \\ 0, & \tau\geqslant q \end{cases} \tag{3.43}$$

对于有反转对称性的系统($\beta=2$),则有

$$\langle e^{-i(\varepsilon_\alpha(\theta)-\varepsilon_{\alpha'}(\theta))\tau} \rangle = \begin{cases} 1, & \tau=0 \\ \dfrac{1}{q(q-1)}\left(-q+2\tau\left(f\left(\dfrac{q}{2}+\tau\right)-f\left(\dfrac{q}{2}\right)\right)\right), & 0<\tau<q \\ \dfrac{1}{q(q-1)}\left(-q+2\tau\left(f\left(\dfrac{q}{2}+\tau\right)-f\left(\tau-\dfrac{q}{2}\right)\right)\right), & \tau\geqslant q \end{cases} \quad (3.44)$$

其中,$f(\tau)\equiv\sum\limits_{k=1}^{\tau}\dfrac{1}{2k-1}$。这些结果均与 θ 无关。

得到准能谱的关联后,计算方程式(3.42)中的第二个因子,即$\langle J_{\alpha\alpha'}(\theta)\rangle$。由于没法解析地得到它的结果,因此根据方程式(3.40)和对周期多面包师映射对应表达式的相似性,假设算符 $\hat{J}$ 的矩阵元具有普适的行为。这样,把文献[178]中由随机矩阵理论得到的结果翻译到这里来写成

$$\langle |J_{\alpha\alpha'}(\theta)|^2 \rangle = \begin{cases} \dfrac{1}{2}\dfrac{3-\beta}{q+3-\beta}, & \alpha=\alpha' \\ \dfrac{1}{2}\dfrac{q}{(q-1)(q+3-\beta)}, & \alpha\neq\alpha' \end{cases} \quad (3.45)$$

这里的 $1/2$ 因子使它满足恒等式(3.41)。

把方程式(3.43)~式(3.45)代入方程式(3.42),再结合能量的表达式(3.35),得到对于 $\beta=1$ 的系统:

$$\dfrac{E(t)}{qD_q} = \begin{cases} \tilde{t}+\dfrac{\tilde{t}(\tilde{t}-q^{-1})}{1+2q^{-1}}\left(1+\dfrac{\tilde{t}-2q^{-1}}{3(1-q^{-1})}\right), & 0<\tilde{t}<1 \\ \dfrac{2\tilde{t}^2}{1+2q^{-1}}+\dfrac{1+q^{-1}}{3(1+2q^{-2})}, & \tilde{t}\geqslant 1 \end{cases} \quad (3.46)$$

对于 $\beta=2$ 的系统:

$$\dfrac{E(t)}{qD_q} = \begin{cases} \tilde{t}+\dfrac{\tilde{t}(\tilde{t}-q^{-1})(\tilde{t}-2q^{-1})}{3(1-q^{-2})}, & 0<\tilde{t}<1 \\ \dfrac{\tilde{t}^2}{1+q^{-1}}+\dfrac{1}{3}, & \tilde{t}\geqslant 1 \end{cases} \quad (3.47)$$

其中 $D_q=\left(\dfrac{K}{2\tilde{\hbar}}\right)^2$。这里忽略了一些小量。

把由随机矩阵理论得到的这个结果与由场论方法得到的结果进行了对比,如图 3.9 所示。其中,黑色细实线和细虚线分别表示存在和不存在反转对称性系统的场论结果,蓝色粗虚线和粗点画线分别对应的是相应系统的随机矩阵理论结果。为了方便比较,图 3.9 中用点线画出了 $\tilde{t}$ 和 $\tilde{t}^2$ 的趋势线。图 3.9 显示这两个理论得到的结果非常吻合,这同样说明随机矩阵理论得到的结果与数值模拟的结果也吻合。通过比较可以看出,当 $q\gg 1$ 时,对于 $\beta=2$ 的系统,方程式(3.47)和解析式(3.30)相

同。方程式(3.46)和式(3.47)显示：

$$\frac{E|_{\beta=1}(t)}{E|_{\beta=2}(t)} \xrightarrow{t \gg 1} 2, \quad q \gg 1 \tag{3.48}$$

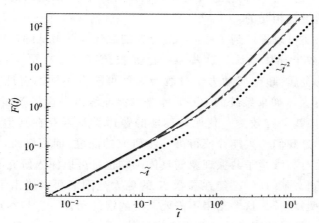

图 3.9 对具有(不具有)反转对称性的一般受激转子系统的能量演化的随机矩阵理论结果

总之，通过本节的分析，可以看出金属-超金属过渡的动力学普适性的存在是由于系统的 Bloch 能谱和本征函数的混沌涨落具有普适性。而 Bloch 能谱和本征函数的混沌涨落可以用随机矩阵理论很好地描述。基于这点，本节认为这类动力学的普适性和随机矩阵理论的普适性是等同的。此外，不同的对称性可以带来丰富的普适类[181]，但这里发现的只是正交类和幺正类对应的动力学过渡行为，其他系统的其他多种普适类的存在意味着可能有更丰富的普适的动力学过渡行为。这是有待研究的问题之一。

3.5 本章小结

本章用理论和数值方法研究了一大类一般受激转子系统〔哈密顿项由方程式(3.2)给出〕在量子共振条件下($\hbar/(4\pi) = p/q$)的动力学行为，发现量子共振下这些系统的动力学行为是普适的金属-超金属过渡行为，即系统的能量增长普适地从金属相(线性增长)过渡到超金属相(平方增长)。而且，这个动力学过渡行为只跟系统的对称性有关，而系统的参数 p、q、K 的取值只是影响了能量的具体值和时间标度，与系统以什么形式运动的动力学行为无关。特别地，当系统哈密顿量中的自由项 $H_0(\hat{n})$ 有反转对称性时，即 $H_0(\hat{n}) = H_0(-\hat{n})$，能量增长遵从正交型，由方程式(3.29)描述其过渡行为；反之，能量增长是幺正型的，由方程式(3.30)描述。本章用随机矩阵理论方法的计算过程展示了这类动力学过渡行为的普适性来自演化算符的 Bloch 能谱和本征函数的涨落的普适性。基于这点,本章猜测在更一般的周期驱动的混沌系统中,金属-超金属动力学过渡行为的普适类与用随机矩阵理论[38]描述的能谱和本征函数的涨落性质的普适类是相同的。

本章的结果还可以推广到一些 Bloch 能谱的混沌涨落遵从随机矩阵理论描述的凝聚态系统中,如半导体系统。这些系统已经被预言了存在更丰富的普适类[181]。那么这些系统的金属-超金属动力学过渡行为就可能有不同的普适类,呈现出光电导的不同普适行为。如果系统的 Bloch 能谱的混沌涨落是遵从 Wigner-Dyson 分布的,则本章的结果就是有效的。其他对称性的普适类是否存在其他普适的金属-超金属过渡动力学是我们感兴趣并值得进一步研究的问题,而更高维的系统量子共振现象以及对称性对高维量子共振现象的具体影响也是可以深入研究的课题。

最后,注意到文献[182]已经在参数 K 的更大范围下严格给出了标准受激转子的超金属(二次型)增长。这个结果不需要系统的混沌条件。它与本章的结果并不矛盾,本章的结果在长时间下也是趋于平方增长的,即 $E(t \to \infty) \sim t^2$,只是本章是基于混沌的条件得到的。本章认为此处得到的普适的金属-超金属动力学过渡行为是有混沌起源的,但这类过渡现象在文献[182]中并没有被研究。

第 4 章
量子双激转子系统的超扩散研究

本章探索量子系统中可能存在的波包(能量)扩散形式。这里的能量扩散的定义可以看成角动量空间波包的扩散。量子混沌中受激转子系统丰富的动力学行为使受激转子系统成为研究这个问题的良好载体。而在前面几章的介绍中可以看到,受激转子目前发现的动力学行为主要集中在 t^γ,$\gamma \leqslant 2$ 的情况。本章通过结合量子共振与反共振条件、分析并设计外场,基于对指数扩散机制的理解,试图利用伪经典极限理论在一维量子双激转子系统中找到 $\gamma > 2$ 的动力学行为。

在一个量子系统中,一般来说波包的扩散行为是幂率的,即其方差随 t^γ 增长,其中 γ 是一个常数,一般 $0 \leqslant \gamma \leqslant 2$。当 $\gamma = 0$ 时,波包处于局域态,而当 $\gamma = 2$ 时,波包的扩展是完全自由的,称为弹道扩散。人们以 $\gamma = 1$ 时的正常扩散为界,分别称 $0 < \gamma < 1$ 时对应的波包运动为"亚扩散"(subdiffusion),称 $1 < \gamma < 2$ 的情形为"超扩散"(superdiffusion)。亚扩散和超扩散又被统称为反常扩散。研究表明,波包的扩散与系统能谱的几何性质密切相关,在一定条件下,可以将参数 γ 与系统能谱的分维数联系起来[183-185]。例如,对局域化($\gamma = 0$)和弹道扩散($\gamma = 2$)这两个特例,系统的谱就分别是离散谱和绝对连续(absolutely continuous)谱。

近年来,对波包可能运动形式的探索取得了一些新发现。例如,考虑一个一维的晶格结构,如果将其有限长的一段用无序(disorder)结构取代,那么初始时刻处于这段无序结构中的波包就会在开始演化后有限长的一段时间 τ 内呈现出超弹道(superballistic)扩散的特征[186],即 $2 < \gamma < 3$。时间 τ 与无序结构的长度有关,无序结构越长,τ 越大。时间超过 τ 以后,波包的演化将逐渐收敛到弹道扩散上[186]。最新的研究进展发现[187],若在一维紧束缚无在位势(on-site potential)的晶格中植入有限长的一段有在位势的晶格结构,则初始处于植入晶格结构中的波包在一定时间内不仅会发生超弹道扩散,而且有可能会表现出高超扩散(hyperdiffusion),即 γ 不仅可能达到 3,甚至可以进入 $2 < \gamma \leqslant 3$ 的范围。然而,更让人感到意外的是,几乎与此同时的另一项研究进展表明[108],在量子系统中,波包甚至可以突破幂律而以时间的指数函数形式扩散,并且与上面提到的超弹道和高超扩散类似,指数扩散持续的时间依

赖于系统参数的选取,虽然有限但原则上可以任意长。这一结果使波包运动的可能扩散形式大为拓展。

上面提到的指数扩散就是在第 3 章中提到的量子受激转子系统的一个变形系统——量子双激转子系统中发现的。从第 3、4 章中可以看到,量子受激转子及其各种变形系统有着极其丰富的谱结构和动力学行为,为探索各种可能的波包运动形式提供了特别有利的优势。迄今为止,在这些系统中人们已经观测到了正常、反常以及指数型波包扩散,但尚未发现超弹道扩散或高超扩散。本章将主要展示在一大类受激转子系统中存在超弹道扩散($\gamma = 3$),这个结果也说明了超弹道扩散不只在有混杂结构的晶格系统[186,187]中发生。另外由于量子受激转子系统可以在冷原子实验中实现,因此本章的发现可以提供一个在实验上研究超弹道扩散的可能。

本章研究的策略是基于对指数扩散机制的理解[108,147],设计一个变形的量子受激转子系统,使其伪经典极限系统可以实现超弹道扩散,进而研究该量子系统是否也能实现超弹道扩散,并研究它的实现条件。这一方法涉及量子共振[172]、量子反共振[100,172]、伪经典极限理论[160]、非 KAM(Kolmogorov-Arnold-Moser)系统[7]等诸多因素,其有效性再次表明这些基本概念在量子混沌研究中起到的重要作用。本章先介绍所选用的模型,然后讨论该模型的伪经典极限并解释伪经典系统出现超弹道扩散的原因,接着比较伪经典极限系统和原量子系统的波包扩散,最后简短地讨论所得结果并做总结。

4.1　量子双激转子系统

第 3 章已经介绍过,一维双激转子系统是一维受激转子系统的一个重要变体,即在时间 T 内,转子受到两个激励,它们之间的时间间隔为 ΔT,系统的哈密顿量为

$$H = \frac{l^2}{2} + KV(\theta)\sum_m \delta(t - mT) + LV(\theta)\sum_m \delta(t - mT + \Delta T), \quad m \in N \quad (4.1)$$

这里讨论的系统受到的两个激励有相同的强度和形式。对于量子系统,第 3 章已经提到,当系统满足主量子共振条件 $\tilde{\hbar} T = 4\pi$ 时,按周期离散后的演化算符 $\hat{U}$ 可简化为

$$\hat{U}_{DKR} = e^{i\frac{\hat{l}^2}{2\tilde{\hbar}}} e^{-i\frac{K}{\tilde{\hbar}}V(\hat{\theta})} e^{-i\frac{\hat{l}^2}{2\tilde{\hbar}}} e^{-i\frac{K}{\tilde{\hbar}}V(\hat{\theta})} \quad (4.2)$$

为不失一般性,此处假定 $\Delta T = 1$。

接下来讨论由式(4.2)定义的双激转子系统的性质。当外势取 $V(\theta) = \cos\theta$(标准双激转子系统)时,本系统与受激 Harper 模型在一般情况下具有完全一样的准能谱[78],当 $\tilde{\hbar}$ 进一步满足条件 $\tilde{\hbar}\Delta T = 2\pi M/N + h$($M, N$ 为两个互素的奇数)时,$h \ll 1$,系统能量(波包)的演化表现出指数扩散行为[108]。

　　此处的目的是基于对标准双激转子系统指数扩散行为的理解,借助伪经典极限理论,寻找或构建一个外场 $V(\theta)$,使相应量子双激转子系统的波包可以发生超弹道扩散。因此,$V(\theta)$ 的引入要满足两个条件:一是在 $V(\theta)$ 引入后仍可在一定条件下找到伪经典极限,以保证量子双激转子与其伪经典极限系统的性质相似;二是伪经典极限系统可发生超弹道扩散。在标准双激转子系统中可以发生指数扩散的原因可能是:势函数 $V(\theta)=\cos\theta$ 满足 KAM 条件(使其对应的经典系统存在双曲型不稳定点从而存在指数型扩散)和具有对称性——$V(\theta)=-V(\theta+\pi)$〔使系统满足反共振条件而具有一条简并的准能谱(详见 4.2 节和附录 B),伪经典系统和量子系统的动力学能有较好的对应[147]〕。另外,$V(\theta)=\cos\theta$ 还具有反射对称性:$V(\theta)=V(-\theta)$。为了探索双激转子系统中的超弹道扩散,此处考虑的势函数是有上述对称性的非 KAM 势,主要关注 3 种分段线性势 V_A、V_B、V_C:

$$V_A(\theta)=\begin{cases}\dfrac{2\theta}{\pi}+1, & -\pi\leqslant\theta<0 \\[2mm] -\dfrac{2\theta}{\pi}+1, & 0\leqslant\theta<\pi\end{cases} \tag{4.3}$$

$$V_B(\theta)=\begin{cases}2(1+g)\left(1+\dfrac{\theta}{\pi}\right)-1, & -\pi\leqslant\theta<-\dfrac{\pi}{2} \\[2mm] \dfrac{2(1-g)\theta}{\pi}+1, & -\dfrac{\pi}{2}\leqslant\theta<0 \\[2mm] 1-\dfrac{2(g+1)\theta}{\pi}, & 0\leqslant\theta<\dfrac{\pi}{2} \\[2mm] 2(g-1)\left(\dfrac{\theta}{\pi}-1\right)-1, & \dfrac{\pi}{2}\leqslant\theta<\pi\end{cases} \tag{4.4}$$

$$V_C(\theta)=\begin{cases}2(1+g)\left(1+\dfrac{\theta}{\pi}\right)-1, & -\pi\leqslant\theta<-\dfrac{\pi}{2} \\[2mm] \dfrac{2(1-g)\theta}{\pi}+1, & -\dfrac{\pi}{2}\leqslant\theta<0 \\[2mm] \dfrac{2(g-1)\theta}{\pi}+1, & 0\leqslant\theta<\dfrac{\pi}{2} \\[2mm] 2(g+1)\left(1-\dfrac{\theta}{\pi}\right)-1, & \dfrac{\pi}{2}\leqslant\theta<\pi\end{cases} \tag{4.5}$$

　　如图 4.1 所示,它们都是不光滑势所以是非 KAM 的,V_B 和 V_C 分别满足对称性 $V_B(\theta)=-V_B(\theta+\pi)$ 和 $V_C(\theta)=V_C(-\theta)$,V_A 同时具有这两种对称性。g 是一个参数,此处把它设成 0.5,如果 $g=0$,则 V_B、V_C 都回到 V_A。在本章中,激励强度 $K=5$,表示对应的经典系统都是混沌的,通过比较这 3 种势下的量子双激转子系统的波包动力学来探究系统发生超弹道扩散或指数扩散的关键因素。对于一个纯态,量子双激转子系统的能量 $\left(E\equiv\dfrac{1}{2}\sum_n\langle n|\hat{l}^2|n\rangle\right)$ 也代表系统波包在角动量空间的均方

差,所以本章通过研究系统的能量随时间地演化行为来研究量子系统的波包动力学。这里初态取角动量为 0 的本征态。

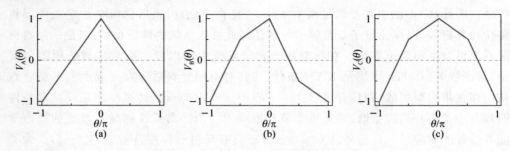

图 4.1 V_A、V_B 和 V_C 3 个分段线性势函数图

4.2 伪经典极限系统

在第 3 章中已经提到,对于标准量子一维受激转子和量子一维双激转子系统,当 $\tilde{\hbar}=2\pi+h(h\ll1)$ 时,伪经典极限理论成立:把 h 看成有效 Planck 常数,并把它趋于 0 后得到的伪经典系统的动力学与原量子动力学对应。本章发现对具有非 KAM 势的量子双激转子系统,伪经典极限理论也成立。本节解释伪经典系统发生超弹道扩散的机制。

对双激转子系统的激励强度和角动量做标度变换:

$$\tilde{l}=\frac{lh}{\hbar}, \quad \tilde{K}=\frac{Kh}{\hbar}, \quad \tilde{\theta}=\theta \tag{4.6}$$

重新标度后,当 $\tilde{\hbar}\Delta T=2\pi+h$ 时,式(4.2)可改写成

$$\hat{U}_{\mathrm{DKR}}=\mathrm{e}^{\frac{\mathrm{i}}{h}\left(\frac{\hat{\tilde{l}}^2}{2}+\pi\hat{\tilde{l}}\right)}\mathrm{e}^{-\mathrm{i}\frac{\tilde{K}}{h}V(\hat{\tilde{\theta}})}\mathrm{e}^{-\frac{\mathrm{i}}{h}\left(\frac{\hat{\tilde{l}}^2}{2}+\pi\hat{\tilde{l}}\right)}\mathrm{e}^{-\mathrm{i}\frac{\tilde{K}}{h}V(\hat{\tilde{\theta}})} \tag{4.7}$$

可以看成双激转子系统的动能项是 $\pm\left(\frac{\tilde{l}^2}{2}+\pi\tilde{l}\right)$ 的交替,受激势是固定的 $\tilde{K}V(\tilde{\theta})$。

设系统在第 m 次激励前的状态为 $(\tilde{\theta}_m,\tilde{l}_m)$,演化一个周期 T 后得到第 $m+1$ 次激励前的状态 $(\tilde{\theta}_{m+1},\tilde{l}_{m+1})$,对应的伪经典极限映射可以写成

$$M:\begin{cases}\tilde{L}_m=\tilde{l}_m+\tilde{K}V'(\tilde{\theta}_m)\\[2mm]\tilde{\Theta}_m=\tilde{\theta}_m+\tilde{L}_m+\pi\\[2mm]\tilde{l}_{m+1}=\tilde{L}_m+\tilde{K}V'(\tilde{\Theta}_m)\\[2mm]\tilde{\theta}_{m+1}=\tilde{\theta}_m-\tilde{L}_{m+1}+\pi\end{cases} \tag{4.8}$$

其中,$V'(\tilde{\theta})$ 表示函数 $V(\tilde{\theta})$ 在 θ 处的导数,$\tilde{L}_m$、$\tilde{\Theta}_m$ 是两个中间变量。如果 $V(\tilde{\theta})$ 是个周期函数,则映射的相空间结构在 $\tilde{l}$ 方向上也具有同样的周期性。考虑在这个经典映射下系统平均能量 $\tilde{E} \equiv \langle \tilde{l}^2/2 \rangle$ 随时间的演化行为,需要对初始条件做系综平均。为了方便与量子系统的能量演化结果进行比较,对 $\tilde{E}(t)$ 做一标度变换 $\tilde{E}(t) \rightarrow \tilde{E}(t)(\tilde{\hbar}/h)^2$ 后用 $E(t)$ 表示,即 $E(t) = \tilde{E}(t)(\tilde{\hbar}/h)^2$。与量子系统的初始态对应,伪经典系统的初始态 $\tilde{l}_0 = 0$,$\tilde{\theta}_0$ 在 $[-\pi, \pi)$ 中均匀随机选取,本次计算取了足够多的(10^4 个)初始态。

图 4.2 显示的是 3 个分段线性势下伪经典极限系统能量随时间的演化,参数 $K = 5$,$\tilde{\hbar} = 2\pi + h$,$h = 10^{-3}$。图 4.2 中的数据皆在双对数坐标下显示。为了方便对比,图 4.2 中给出了趋势分别为 t^3 和 t^2 的虚线和空心点线。从图 4.2 示出的结果可以看出,当势函数取 V_A 和 V_B 时,系统的能量以正比于时间三次方的方式快速增长,直至时间达到 $t = t_s$(t_s 在 10^4 左右)才停止增长。因此,在势函数取 V_A 和 V_B,满足对称性 $V(\theta) = -V(\theta + \pi)$ 的情况下,本节实现了伪经典极限系统的超弹道扩散,达到了目标。而当势函数取 V_C 时,系统的能量扩散方式可以截然不同。例如,当 $g = 0.5$ 时,能量正比于时间的平方,因此是以弹道扩散的形式增长的。弹道扩散基本上也会维持在 t_s 左右,然后开始震荡。

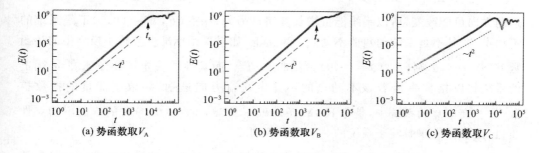

(a) 势函数取 V_A (b) 势函数取 V_B (c) 势函数取 V_C

图 4.2   3 个分段线性势下伪经典系统的能量随时间的演化

为了理解伪经典系统发生的超弹道扩散(势取 V_A 和 V_B)和弹道扩散(势取 V_C)的机制,本节研究了这 3 个伪经典系统的相图。如图 4.3 所示,势取 V_A 和 V_B 的两种情况有一个共同点:它们的相图在 $\tilde{\theta}$ 轴上有一条水平的相结构,而这是 V_C 情况下所没有的。相图上的这个特征是伪经典系统能实现超弹道扩散的关键因素。下面以 V_A 情况为例,解释系统发生超弹道扩散的机制。对 V_A 情况,如图 4.3(a) 中箭头所示,$\tilde{\theta}$ 正半轴上的初始态首先沿着 $\tilde{\theta}$ 轴的正方向匀速运动,在到达 $\tilde{\theta} = \pi$ 后转向,继续朝着 $(\tilde{\theta}, \tilde{l}) = (0, 2\pi)$ 的点匀速运动;而 $\tilde{\theta}$ 负半轴上的初始态则朝着相反的方向运动。这一运动特征就决定了系统的能量以 t^3 形式增长:这是因为从水平线跑出来的相点占总的初始态系综的比例 $P_{\tilde{l}\neq0}$ 随时间线性增长,$P_{\tilde{l}\neq0}\sim t$,而跑出来的点对能量的贡献以 t^2 形式增长,因此总的效果为 $\tilde{E}(t)\sim t^3$。这一机制恰好就是文献[186]中解释超弹道扩散的一个简化模型。对 V_B 的情况,这个机制也适用,只是 $\tilde{\theta}$ 轴上相点的运动速度是两个不一样的常数。同样的,相图也解释了 V_C 情况下的弹道扩散:在这种情况下,系综中的所有初始相点演化一步后即离开 $\tilde{\theta}$ 轴开始进行弹道扩散,所以当 $t>0$ 时,$P_{\tilde{l}\neq0}=1$,$\tilde{E}(t)\sim t^2$。

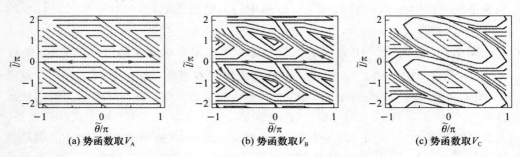

(a) 势函数取 V_A (b) 势函数取 V_B (c) 势函数取 V_C

图 4.3　3 个分段线性势下伪经典系统的相图

    需要注意的是,相图在 $\tilde{l}$ 方向是 2π 周期的,所以系统发生的超弹道扩散(势取 V_A 和 V_B)和弹道扩散(势取 V_C)不会一直持续下去。当相点到达 $\tilde{l}\approx2\pi$ 时,他们的运动方向可能改变,所以系统能量增长变缓。另外,相点 $(\tilde{\theta},\tilde{l})=(0,0)$ 不是系统的不动点,尤其不是系统的双曲不动点。事实上,如果采用标准受激转子模型中的势函数 $V(\theta)=\cos\theta$,则 $(\tilde{\theta},\tilde{l})=(0,0)$ 为双曲不动点,而其性质决定了初始态在 $\tilde{\theta}$ 轴上的系统将以指数率沿着该不动点的不稳定流行方向逃逸,导致了能量的指数扩散[108]。在本章的系统中,是非 KAM 条件破坏了 $(\tilde{\theta},\tilde{l})=(0,0)$ 时的双曲不动点性质,这是和标准双激转子系统的一个重要区别。

    相图在 $\tilde{\theta}$ 轴上有一条水平的相结构的特征,是伪经典系统能实现超弹道扩散的关键因素。而势函数的对称性是否满足对称性 $V(\theta)=-V(\theta+\pi)$,则决定了这个水平结构是否存在于相图上。这点可以从伪经典映射上来看,相图上要存在这样的水平结构,那么对应相图上的相点 $(\tilde{\theta}_m,\tilde{l}_m)=(\tilde{\theta}_m,0)$ 在初始阶段的演化(m 较小时)需满足 $\tilde{l}_{m+1}-\tilde{l}_m=0$。从伪经典映射 M 可得

$$\tilde{l}_{m+1}-\tilde{l}_m=-\tilde{K}V'(\tilde{\theta}_m)-\tilde{K}V'(\tilde{\theta}_m+\tilde{l}_m-\tilde{K}V'(\tilde{\theta}_m)+\pi) \qquad (4.9)$$

注意到初始 $\tilde{l}_0=0$,即

$$\tilde{l}_{m+1}-\tilde{l}_m=-\tilde{K}V'(\tilde{\theta}_m)-\tilde{K}V'(\tilde{\theta}_m-\tilde{K}V'(\tilde{\theta}_m)+\pi) \qquad (4.10)$$

又注意到 $\tilde{K}=Kh/\hbar$ 是一个小量,对于一般的光滑势有 $V'(\theta_m)\approx V'(\theta_m+\varepsilon)$,这里研究

的非 KAM 势中的大部分区域也是满足这个条件的,所以要使 $\tilde{l}_{m+1}-\tilde{l}_m=0$,则需满足 $V'(\tilde{\theta}_m)=-V'(\tilde{\theta}_m+\pi)$。可以看到对称性 $V(\theta)=-V(\theta+\pi)$ 在这里起了关键作用。

接下来,根据由映射 M 给出的伪经典系统的运动进一步估算系统发生的超弹道扩散和弹道扩散的系数。以势函数取 V_A 的情况为例,根据映射 M 和初始条件 $(\tilde{\theta}_0,\tilde{l}_0=0)$ 经过一次迭代后:

$$(\tilde{\theta}_1,\tilde{l}_1)=\begin{cases}(\tilde{\theta}_0-\Delta,2\Delta), & \pi-\Delta\leqslant\tilde{\theta}_0<\pi\\ (\tilde{\theta}_0+\Delta,\Delta), & 0\leqslant\tilde{\theta}_0<\pi-\Delta\\ (\tilde{\theta}_0+\Delta,\Delta), & \Delta-\pi\leqslant\tilde{\theta}_0<0\\ (\tilde{\theta}_0-\Delta,2\Delta), & -\pi\leqslant\tilde{\theta}_0<\Delta-\pi\end{cases} \tag{4.11}$$

其中 $\Delta\equiv 2\tilde{K}/\pi$。经过一次迭代后,初始态条件系综中有一份 $\Delta\pi$ 的相点能量增加了 $2\Delta^2$。重复这个计算,迭代 m 次后,m 份初始条件(每份为 $\Delta\pi$)的能量分别为 $2\Delta^2$,$4\Delta^2$,$\cdots$,$2m^2\Delta^2$,直到能量最大的那份的角动量 $|\tilde{l}|\approx 2\pi$。由此可得,在时间 $t<t_s$ 内:

$$t_s\approx\frac{\pi}{\Delta}=\frac{\pi^2 h}{2K\tilde{\hbar}} \tag{4.12}$$

系综平均能量的增长:

$$\tilde{E}(t)=\frac{\Delta^3}{3\pi}t(t+1)(2t+1)\approx\frac{2\Delta^3}{3\pi}t^3 \tag{4.13}$$

或

$$E(t)=\tilde{E}(t)\frac{h^2}{\tilde{\hbar}^2}\approx\frac{16K^3 h}{3\pi^4\tilde{\hbar}}t^3 \tag{4.14}$$

这些结果能充分地被数值证实,图 4.2 所示的能量扩散的数值结果与上面的分析一致:当 $K=5$、$\tilde{\hbar}=2\pi+h$、$h=10^{-3}$ 时,$t_s\approx 6\times 10^3$ 与数值结果接近。进一步说明本节对伪经典系统的扩散行为机制的理解是可靠的。值得注意的是,虽然伪经典系统发生超弹道扩散的时间 t_s 有限,但原则上可以通过减小 h 的值来使 t_s 足够大。

4.3　量子双激转子系统的超扩散现象

回到由式(4.2)定义的原量子系统。如果该系统的性质和相应的伪经典极限系统的性质相同或类似,那么应能观察到超弹道扩散以及弹道扩散。本节考虑的情形为固定系统参数,并分别讨论势函数取 V_A、V_B 和 V_C 3 种分段线性势下量子双激转

子系统的能量扩散行为。量子系统的初始态选为角动量 l 的本征态 $|0\rangle$，与伪经典极限系统的初始条件系综相对应。

图 4.4 给出了数值模拟结果。其中，实心圆代表量子系统的数据，空心方格标记的是伪经典系统的数据，所有的参数和图 4.2 一致。从图 4.4(a) 和图 4.4(b) 可以看出，当势取 V_A 和 V_B 时，量子的能量增长方式与伪经典系统的能量增长有一个明显的区别，即在 $t < t_c$ 时存在一个弹道扩散阶段。之后，量子系统和伪经典系统的能量增长符合得很好，出现超弹道扩散，直到 $t = t_s$。当势取 V_C 时，量子系统的能量增长曲线与伪经典系统的能量增长曲线始终完全重合，即使在进入震荡阶段之后，所有的震荡细节也都表现得完全一致。这些结果表明，量子双激转子系统可以发生超弹道扩散，且伪经典极限理论对非 KAM 系统也适用。对于势取 V_A 和 V_B 时量子双激转子系统短时间内发生的弹道扩散行为，可能纯粹是一个量子效应。

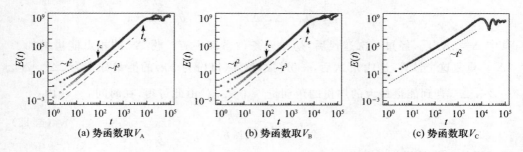

(a) 势函数取 V_A (b) 势函数取 V_B (c) 势函数取 V_C

图 4.4 3 个分段线性势下量子系统与伪经典系统的能量扩散对比图

从伪经典系统估算出的 t_s 值与量子系统的行为一致，但是伪经典系统无法给出短时间内发生弹道扩散的任何线索，也就无法从对伪经典系统动力学的理解给出 t_c 的值。实际上，势取 V_A 和 V_B 时的双激转子系统初始发生的弹道扩散是量子反共振的结果。设 $h = 0, \tilde{h} = 2\pi$，则有 $e^{\pm i \frac{l^2}{2\tilde{h}}} |m\rangle = (-1)^k |m\rangle$，这时可以把演化算符的矩阵元写成

$$U_{m',m} = \frac{(-1)^{m'+m}}{2\pi} \int_{-\pi}^{\pi} \mathrm{d}\theta \, e^{\mathrm{i}(m-m')\theta} \, e^{-\mathrm{i}\frac{K}{\hbar}[V(\theta) + V(\theta+\pi)]} \tag{4.15}$$

当势满足 $V(\theta) = -V(\theta+\pi)$ 时，演化算符 $\hat{U}$ 变成一个常算符（identity operator）（计算细节可参考附录 B，注意：虽然附录 B 中是单激转子矩阵元的平方，而这里是双激转子的矩阵元，但它们其实是形式一样的）。势为 V_A 和 V_B 的系统有这个性质，而势为 V_C 的系统没有。

考虑 h 稍微偏离 0 的情况，这时的算符 $\hat{U}$ 仍然接近一个常算符，当 $|m'|, |m| < 1/\sqrt{h}$ 时：

$$\langle m' | U | m \rangle \approx \begin{cases} 1 - O(h), & m' = m \\ O(h^{\frac{3}{2}}), & m' \neq m \end{cases} \tag{4.16}$$

所以有 $\langle m'|U^t|m\rangle \approx t\langle m'|U|m\rangle$，初始态 $|0\rangle$，能量随时间的变化为

$$E(t) = \frac{(\tilde{\hbar}^2)}{2}\sum_{m'}m'^2|\langle m'|U^t|m\rangle|^2 \approx Dt^2 \tag{4.17}$$

其中：

$$D = \frac{(\tilde{\hbar}^2)}{2}\sum_{m'}m'^2|\langle m'|U|0\rangle|^2 \tag{4.18}$$

这样就解释了势函数为 V_A 和 V_B 的量子双激转子系统一开始的弹道扩散行为。可以进一步确定 D：

$$D \sim K^2\sqrt{h} \tag{4.19}$$

由此可以估算出 t_c。以具有 V_A 势的量子双激转子系统为例，如果把系统超弹道扩散过程等同于伪经典系统的超弹道过程,结合式(4.14)和式(4.19),可以推得

$$t_c \sim \frac{1}{K\sqrt{h}} \tag{4.20}$$

对 t_c 和 t_s 的结果进行数值验证,从图 4.5 中可以看到数值结果与式(4.20)和式(4.12)高度吻合。数值上,通过分别对能量扩散的弹道扩散区和超弹道扩散区进行拟合从而得到 t_c 和 t_s,如图 4.6 所示,延长弹道区和超弹道区拟合线的交点对应 t_c,能量扩散开始偏离超弹道区拟合的延长线时对应 t_s。对于取不同的 h 的模拟结果, $t_c \sim 1/\sqrt{h}$ 和 $t_s \sim 1/h$ 始终成立。广泛的模拟研究的结果说明,此处研究的具有非 KAM 势的双激转子系统的超弹道扩散行为,都有 $t_c \sim 1/\sqrt{h}$, $t_s \sim 1/h$ 和 $E_s \sim 1/h^2$ ($t=t_s$ 时系统的能量)。

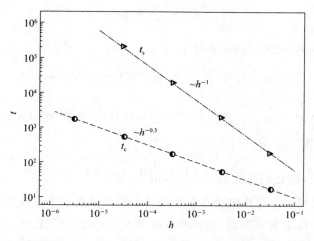

图 4.5 不同 h 时, V_A 势下量子系统的两个时间尺度 t_c 和 t_s 随 h 变化
的数值结果和理论分析的比较图

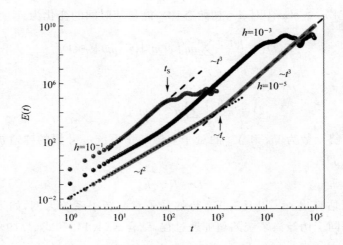

图 4.6　不同 h 时，V_A 势下量子系统的能量随时间变化的关系图

进一步从量子相空间的分布观察和验证量子系统的超弹道扩散行为。第 2 章提到，Wigner 曾给出量子系统的相空间分布的 Wigner 函数[10]使人们可以在相空间分布上进行经典量子比较。后来，Husimi 给出一种非负的相空间分布的 Husimi 函数[11]，它是对 Wignar 分布作粗粒平均得到的。顾雁等人[12-14]曾给出环面相空间系统（猫映射，l 空间有限并具有周期性）的 Wigner 分布和 Husimi 分布（粗粒 Wigner 分布）。参照他们的做法，本节写出了柱面空间系统（受激转子系统，l 空间无限）的正定 Husimi 分布（具体过程见附录 C）。系统的波函数在角动量空间可写成

$$|\psi\rangle = \sum_n \phi_n |n\rangle \tag{4.21}$$

则密度矩阵 $\hat\rho = |\psi\rangle\langle\psi|$ 的 Husimi 分布为

$$W^H(\tilde n, \tilde\theta) = \frac{a^2}{2\pi}\sum_{k,l}\phi_k^*\phi_l e^{-\frac{\hbar}{2}[(k-\tilde n)^2+(l-\tilde n)^2]} e^{-i\theta(k-l)} \tag{4.22}$$

其中归一化因子 $a^2 \approx \sqrt{\hbar/\pi}$。为了和经典分布进行比较，把 $W^H(\tilde n, \tilde\theta)$ 推广到经典相空间，即做变换 $W^H(\tilde n, \tilde\theta) \to P(\tilde l, \tilde\theta)$：

$$P(\tilde l, \tilde\theta) = \frac{1}{\hbar} W^H(\tilde n, \tilde\theta) \tag{4.23}$$

前面的结果显示了存在超弹道扩散的伪经典系统和量子系统的动力学行为在短时间内的动力学行为有些差别，伪经典系统呈现出超弹道扩散，而量子系统由于量子反共振的效应呈现出弹道扩散。这种动力学行为在相空间分布上是什么样的表现呢？对于伪经典系统由对应的相图结构和伪经典映射的分析可知，短时间内系综中的每个系统匀速地沿 $\tilde\theta$ 轴向相点 $(\pm\pi, 0)$ 演化，而超过相点 $(\pm\pi, 0)$ 的系统在 l 方向

上匀速向外扩散,形成了 t^3 的超弹道扩散。对于量子系统,它的相空间分布是怎么样的? 以具有 V_A 势的系统为例,系统参数同样取 $K=5, \tilde{\hbar}=2\pi+h, h=10^{-3}$,数值计算出系统相空间的 Husimi 分布,并与经典分布比较,$P(\tilde{l}, \tilde{\theta})=\dfrac{1}{\tilde{\hbar}}W^H(\tilde{n}, \tilde{\theta})$。图 4.7(b)展示了 $t=100 \approx t_c$ 时(转变时间 t_c 附近)的相空间分布 $P(\tilde{l}, \tilde{\theta})$,图 4.7(a)展示了对应时刻前的能量扩散。从图 4.7(b)中可以看出,当 $t < t_c$ 时量子系统在相空间中并不是沿 $\tilde{\theta}$ 轴演化的,而是从一开始所有的系统就在 l 方向上扩散,形成 t^2 的弹道扩散。之后,量子系统的相空间运动与伪经典系统相似,沿平行于 $\tilde{\theta}$ 轴的方向匀速运动,然后匀速地参与 $\tilde{l}$ 方向上的扩散,形成与伪经典系统对应的 t^3 超弹道扩散。图 4.8 展示了对应的超弹道扩散($t=999 > t_c$)时的能量扩散和相空间分布,其相空间分布进一步验证了量子系统的动力学演化行为。

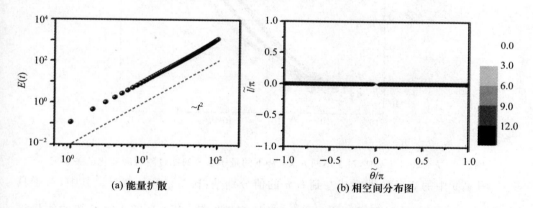

图 4.7 $t=100 \approx t_c$ 时 V_A 势下的量子系统的能量扩散和相空间分布图

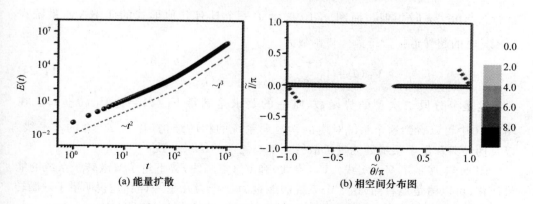

图 4.8 $t=999 > t_c$ 时 V_A 势下的量子系统的能量扩散和相空间分布图

4.4 本章小结

本章主要研究了具有 V_A 势和 V_B 势的量子双激转子系统在 $\tilde{\hbar}=2\pi+h\,(h\ll 1)$ 时的能量演化行为,并发现了波包的超弹道扩散行为。实际上,超弹道扩散可以普遍发生在 $\tilde{\hbar}T=4\pi$($\tilde{\hbar}$ 接近 $2\pi M/N$,其中 M,N 是互素的奇数)、势函数满足对称性 $V(\theta)=-V(\theta+\pi)$ 的量子双激转子系统中。

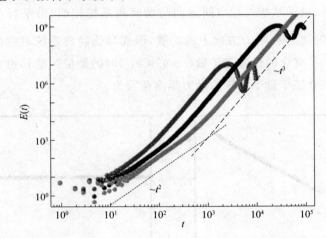

图 4.9 $\tilde{\hbar}=2\pi/3+h$ 时,对于不同 h、V_A 势下的量子系统的能量随时间变化的关系图

图 4.9 中的 3 条数据线从左到右 h 的值分别是:10^{-2}、10^{-3}、10^{-4}。其中,对于具有 V_A 势的量子双激转子系统在 $\tilde{\hbar}\approx\dfrac{2}{3}\pi$ 时的能量扩散,当 h 足够小时系统的能量扩散行为与 $\tilde{\hbar}\approx 2\pi$ 时相似。而图 4.10 展示了一个具有其他形式的非 KAM 系统在 $\tilde{\hbar}\approx 2\pi$ 时的超弹道扩散行为。势函数为

$$V_D(\theta)=\begin{cases}1-2(\theta/\pi)^2, & -\pi\leqslant\theta<0\\ 2(\theta/\pi-1)^2-1, & 0\leqslant\theta<\pi\end{cases} \tag{4.24}$$

这是个分段二次型的势函数,唯一的要求是满足 $V_D(\theta)=-V_D(\theta+\pi)$。在图 4.10 中可以看到这个系统对应的伪经典系统的相图结构(存在 $\tilde{l}=0$ 的水平线)以及伪经典和量子系统的能量扩散行为都与之前的结果一致。

图 4.11 展示了 V_A(实线)、V_B(点线)和 V_D(点画线)势下量子双激转子系统的能量演化,可以清楚地看到,这 3 个系统的能量演化行为几乎一样!这说明量子双激转子系统发生的超弹道扩散与势函数的具体形式无关,只要满足对称性 $V(\theta)=-V(\theta+\pi)$。事实上,本章做了大量的数值研究,其结果都支持这个结论。

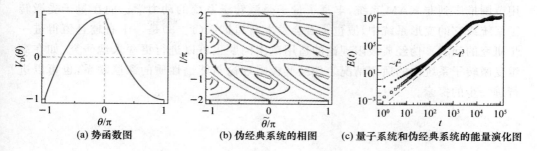

(a) 势函数图　　　　(b) 伪经典系统的相图　　(c) 量子系统和伪经典系统的能量演化图

图 4.10　V_D 势下双激转子系统的超弹道扩散

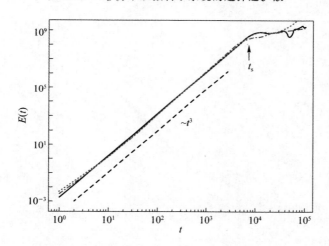

图 4.11　V_A、V_B 和 V_D 势下量子双激转子系统的能量演化

势函数的对称性 $V(\theta)=-V(\theta+\pi)$ 在量子双激转子系统波包的指数型和超弹道型扩散行为中都起了关键作用。如果把势函数换成 $V=\cos(k\theta)$，k 是一个偶数，即 V 仍然是一个 KAM 势但没有了对称性 $V(\theta)=-V(\theta+\pi)$，系统将不会存在指数型扩散，取而代之的是弹道扩散。其对应伪经典系统的相空间结构类似于图 4.3(c) 所示的相图，即不存在 $\tilde{l}=0$ 的关键结构。指数扩散的要素：不动点 $(-\pi,0)$ 和 $(0,0)$ 的双曲型稳定和不稳定流形的性质也消失了。因此，对称性 $V(\theta)=-V(\theta+\pi)$ 的作用是在相空间中形成 $\tilde{l}=0$ 的关键结构，使这个结构影响初始状态为 $\tilde{l}=0$ 的系统的波包扩散行为。而对于非 KAM 势的量子双激转子系统，不一样的地方是：由于势函数是非 KAM 的，双曲型稳定点被破坏，所以不存在指数型扩散。

总之超弹道型的波包扩散行为可以发生在一大类的量子双激转子系统中，这些系统要满足条件：①$\tilde{\hbar}$接近 $2\pi M/N$，其中 M、N 是互素的奇数；②非 KAM 系统；③势函数满足对称性 $V(\theta)=-V(\theta+\pi)$。当系统是 KAM 系统时，波包的扩散是指数型的；当势函数不满足所要求的对称性时，波包弹道扩散。本章把伪经典极限原理的适用范围推广到非 KAM 系统,丰富了量子受激转子系统的动力学。而在量子受激转子系统或它的变形系统中,波包是否会发生高超扩散($\gamma>3$)是一个有趣且值得进一步研究的问题。伪经典极限理论的适用范围问题也可以进行更深入地研究,如在高维受激转子系统中的适用情况。伪经典极限理论与能谱性质的深层联系,也可以进行进一步的探索。

第 5 章
总结和展望

近 50 年前,引入受激转子模型的主要目的之一是阐明非线性哈密顿系统中运动的不稳定性。受激转子的核心是单摆,Chirikov 在介绍受激转子[85]时就表示,"单摆的运动给我们提供了一个最古老的非线性振动的例子。几个世纪以来,这个看似简单的系统的运动已经被发现具有惊人的多样性。"之后的研究也证实了这个说法。50 年前,量子受激转子的研究几乎没有任何实验成果,而现在该领域已经取得了许多实验成果。本书介绍了过去 50 年间人们获得的一些主要成果,不仅包括受激转子的复杂动力学,还由此探讨了经典和量子混沌,该领域的研究甚至还与其他领域产生了交叉,如凝聚态物理、量子信息和计算。学者们解决该模型中基础问题的努力也促进了不少物理学科内跨领域新问题的发现。

量子受激转子的动力学现象常研常新,不断驱使人们进行更深入的思考。最近的一个例子为量子回力镖效应[188],这个效应首先在安德森模型[189]中被发现。它描述了一个带有偏态动量分布的波包在初始漂移之后表现出回到起点并停留在这个点的倾向,这需要波包具有非零的平均初始速度。这个初步结果似乎表明,这可能是随机介质中波传播的一个普遍现象[190]。

近年来,不断涌现的新现象重新激起了学界对该模型的兴趣,而现在的关注点开始落在 N 维耦合受激转子,特别是三维和更高维度的受激转子上[191-194]。目前,人们还缺少对混沌、局域化和相互作用之间一般规律的更深入理解。在平均场条件下,相互作用的受激转子的局域化会被破坏[195],而平均场之外的结果仍然不清楚,仅有一些模型预测局域相可以维持很长时间[196]。此外,不同类型的相互作用和定性动力学如何影响多体局域化和热化[197]是一个很有趣的问题。

除了新奇的动力学特征,人们也在积极地进行多体疤痕的研究[198],该研究是由疤痕态的实验观察引发的,其实验是通过多体 Rydberg 原子实现的[199]。量子疤痕的原始思想源于 McDonald 对混沌体育场台球的研究[200]以及 Heller 的理论解释[55]。众所周知,疤痕态是由于某些最不稳定的经典周期轨道对量子本征态的不均衡影响而产生的。如果多体模型具有经典极限,那么对疤痕相的探索将是有益的。

与固体物理中的一些模型相比,带耦合多体受激转子模型具有明确的经典极限,这将有助于探究经典相空间结构的半经典影响,帮助我们更深入地理解量子经典对应。量子相关性(如纠缠)与基础经典动力学之间的有趣联系需要被推广到多体系统,特别是探究量子相关性如何受到经典动力学的调制。总的来说,开展多体系统的量子混沌探索很有必要,而在这个过程中,N 体受激转子及从单个受激转子中获得的灵感将扮演重要角色。

此外,量子受激转子还有几个方面尚未得到足够的关注。

首先是对规则运动和不规则运动混合的情况的研究。混沌系统大多是混合型的,目前量子系统的研究主要集中在强混沌系统,但是对规则运动和不规则混沌运动混合的情况还研究得比较少,而这方面的行为会有更丰富的现象,如受激转子模型在混沌参数 K 较小时的动力学行为亟待研究。

其次是非 KAM 受激转子系统[201,202]的研究,其相空间特征与标准转子不同。在这样的系统中,空间和时间尺度之间的相互作用是有趣的问题,必须对如何在系统的空间和时间尺度中产生非 KAM 动力学特征进行更广泛的理解;此外,在实验上非 KAM 受激转子模型也未受到很大关注,从量子共振到局域模态等一系列现象都未经探索。值得注意的是,近几年来,人们已经发表了许多关于带有 1/2 自旋自由度的受激转子的论文。人们在更细致的模型中观察到了类似于整数量子霍尔效应的现象[15,82],这给受激转子的研究打开了另一扇大门,因为它可能与凝聚态物理模型更密切相关,甚至可能提供一条相对简单的途径——用受激转子建立量子模拟器来研究凝聚态物理中的问题。

最后是量子随机行走[203,204]和受激转子[205-207]之间的联系。这在量子计算的背景下具有很多的应用,并以新颖的量子搜索和其他量子算法的形式实现量子棘轮。一些初步的工作已经开始进行,但这显然还处于起步阶段。已知的研究成果是直接利用量子混沌的量子行走方法:标准量子行走是用一个"硬币"算符操作的,该算符决定步行者是向左还是向右移动,可以由对应于混沌系统(如受激转子或 Harper 模型[208])的单位算符替换。从某种意义上说,在这些类型的量子行走中,量子行走的随机性源于混沌量子系统。在量子算法和量子机器学习问题[209]日益受到关注的背景下,这可能成为设计和实施使用原子光学测试平台的一种可能方法,以受激转子为基础的模型和技术将在动力系统、凝聚态物理、量子信息和计算的交叉领域中发挥重要作用。

参考文献

[1] MAY R M. Simple mathematical models with very complicated dynamics[J]. Nature, 1976, 261: 459-467.

[2] 郝柏林. 从抛物线谈起: 混沌动力学引论[M]. 上海: 上海科技教育出版社, 2013.

[3] HAO B L. Elementary symbolic dynamics and chaos in dissipative systems [M]. Singapore: World Scientific, 1989.

[4] 顾雁. 量子混沌[M]. 上海: 上海科技教育出版社, 1996.

[5] 周衍柏. 理论力学教程[M]. 北京: 高等教育出版社, 1986.

[6] LIEBERMANN M A, LICHTENBERG A J. Regular and stochastic motion [M]. New York: Springer, 1983.

[7] CHIERCHIA L, MATHER J N. Kolmogorov-Arnold-Moser theory [J]. Scholarpedia, 2010, 5(9): 2123.

[8] 曾谨言. 量子力学卷二[M]. 北京: 科学出版社, 2007.

[9] FEYNMAN R P, HIBBS A R, STYER D. Quantum Mechanics and Path Integrals[M]. New York: Dover Publications, 2010.

[10] WIGNER E. On the quantum correction for thermodynamic equilibrium[J]. Phys. Rev., 1932, 40: 749-759.

[11] HUSIMI K. Some formal properties of the density matrix[J]. Proc. Phys. Math. Soc. Japan, 1940, 22(4): 264-314.

[12] GU Y. Group-theoretical formalism of quantum mechanics based on quantum generalization of characteristic functions[J]. Phys. Rev. A, 1985, 32: 1310-1321.

[13] GU Y. Evidences of classical and quantum chaos in the time evolution of nonequilibrium ensembles[J]. Phys. Lett. A, 1990, 149(2): 95-100.

[14] WANG J, LAI C, GU Y. Ergodicity and scars of the quantum cat map in the semiclassical regime[J]. Phys. Rev. E, 2001, 63: 056208.

[15] CHEN Y, TIAN C S. Planck's quantum-driven integer quantum hall effect in chaos[J]. Phys. Rev. Lett. , 2014, 113:216802.

[16] MOYAL J E. Quantum mechanics as a statistical theory[C]// MOYAL J E. Mathematical Proceedings of the Cambridge Philosophical Society. Cambridge: Cambridge University Press, 1949, 45(1): 99-124.

[17] GUTZWILLER M C. Phase integral approximation in momentum space and the bound states of an atom[J]. J. Math. Phys. , 1967, 8(10):1979-2000.

[18] GUTZWILLER M C. Chaos in classical and quantum mechanics [M]. Berlin: Springer Verlag, 1992.

[19] BALAZS N L, VOROS A. Chaos on the pseudosphere[J]. Phys. Rep. , 1986, 143(3):109-240.

[20] TANNER G, WINTGEN D. Quantization of chaotic systemsc[J]. Chaos, 1992, 2(1):53-59.

[21] BERRY M. V. Evolution of semiclassical quantum states in phase space[J]. J. Phys. A, 1979, 12(5):625.

[22] GU Y, WANG J. Time evolution of coarse-grained entropy in classical and quantum motions of strongly chaotic systems[J]. Phys. Lett. A, 1997, 229 (4):208-216.

[23] CASATI G, CHIRIKOV B V, IZRAELEV F M, et al. Stochastic behavior of a quantum pendulum under a periodic perturbation[C]// CASATI G, FORD J. Stochastic Behavior in Classical and Quantum Hamiltonian Systems. Berlin: Springer, 1979, 334:93.

[24] CHIRIKOV B V, IZRAILEV F M, SHEPELYANSKY D L. Dynamical stochasticity in classical and quantum mechanics[J]. Math. Phys. Rev. , 1981, 2:209-267.

[25] CASATI G, FORD J, GUARNERI I, et al. Search for randomness in the kicked quantum rotator[J]. Phys. Rev. A, 1986, 34:1413-1419.

[26] LARKIN A I, OVCHINNIKOV Y N. Quasiclassical method in the theory of superconductivity[J]. Sov. Phys. JETP, 1969, 28(6): 1200-1205.

[27] SHENKER S H, STANFORD D. Black holes and the butterfly effect[J]. J. High Energ. Phys. , 2014, 3: 67 .

[28] KITAEV A, CALTECH & KITP. A simple model of quantum holography (part 1)[EB/OL]. (2015-04-07) [2015-04-07]. http://online. kitp. ucsb. edu/online/entangled15/kitaev/.

[29] MALDACENA J, STANFORD D. Remarks on the sachdev-ye-kitaev model [J]. Phys. Rev. D, 94: 106002, 2016.

[30] MURTHY C, SREDNICKI M. Bounds on chaos from the eigenstate thermalization hypothesis[J]. Phys. Rev. Lett. , 2019, 123: 230606.

[31] SHENKER S H, STANFORD D. Multiple shocks[J]. J. High Energ. Phys. , 2014, 12: 46.

[32] SHENKER S H, STANFORD D. Stringy effects in scrambling[J]. J. High Energ. Phys. , 2015, 5:132.

[33] SHEN H, ZHANG P, FAN R, et al. Out-of-time-order correlation at a quantum phase transition[J]. Phys. Rev. B, 2017, 96: 054503.

[34] SWINGLE B, BENTSEN G, SCHLEIER-SMITH M, et al. Measuring the scrambling of quantum information[J]. Phys. Rev. A, 2016, 94: 040302.

[35] FAN R, ZHANG P, SHEN H, et al. Out-of-time-order correlation for many-body localization[J]. Sci. Bull. , 2017,62(10): 707-711.

[36] LI J, FAN R, WANG H, et al. Measuring out-of-time-order correlators on a nuclear magnetic resonance quantum simulator[J]. Phys. Rev. X, 2017, 7, 031011.

[37] GÄRTTNER M, BOHNET J G, SAFAVI-NAINI A, et al. Measuring out-of-time-order correlations and multiple quantum spectra in a trapped-ion quantum magnet[J]. Nature Phys. , 2017, 13: 781-786.

[38] WIGNER E P. Random matrices in physics[J]. Siam. Rev. , 1967, 1:1-23.

[39] HAAKE F. Quantum Signatures of Chaos [M]. Berlin: Springer Verlag, 2001.

[40] ALHASSID Y. The statistical theory of quantum dots. Rev. Mod. Phys. , 2000, 72:895-968.

[41] DYSON F J, MEHTA M L. Statistical theory of the energy levels of complex systems[J]. V, J. Math. Phys. , 1963, 4(5): 713-719.

[42] BOHIGAS O, GIANNONI M J. Chaotic motion and random matrix theories [C]//DEHESA J S, GOMEZ J M G, POLLS A. Mathematical and Computational Methods in Nuclear Physics. Berlin: Springe, 1984, 209: 1-99.

[43] BERRY M V, TABOR M. Level statistics of a quantized cantori system[J]. Proc. Roy. Soc. Lond. , 1977, 375:A356.

[44] CASATI G, CHIRIKOV B V, GUARNERI I. Energy-level statistics of integrable quantum systems[J]. Phys. Rev. Lett. , 1985, 54:1350-1353.

[45] BOHIGAS O, GIANNONI M J, SCHMIT C. Characterization of chaotic quantum spectra and universality of level fluctuation laws[J]. Phys. Rev. Lett. , 1984, 52:1-4.

[46] HAQ R U, PANDEY A, BOHIGAS O. Fluctuation properties of nuclear energy levels: do theory and experiment agree? [J]. Phys. Rev. Lett., 1982, 1086:48.

[47] HEUSLER S, MÜLLER S, ALTLAND A, et al. Periodic-orbit theory of level correlations[J]. Phys. Rev. Lett., 2007, 98:044103.

[48] WINTGEN D, MARXER H. Level statistics of a quantized cantori system [J]. Phys. Rev. Lett., 1988, 60:971-974.

[49] BERRY M. V. Semiclassical theory of spectral rigidity[J]. Proc. R. Soc. Lond. A, 1985, 400: 229-251.

[50] COURTNEY M, KLEPPNER D. Core-induced chaos in diamagnetic lithium [J]. Phys. Rev. A, 1996, 53:178-191.

[51] YUKAWA T. New approach to the statistical properties of energy levels [J]. Phys. Rev. Lett., 1985, 54:1883-1886.

[52] FANG P, TIAN C S, WANG J. Symmetry and dynamics universality of supermetal in quantum chaos[J]. Phys. Rev. B, 2015, 92:235437.

[53] JAIN S R, SAMAJDAR R. Nodal portraits of quantum billiards: Domains, lines, and statistics[J]. Rev. Mod. Phys., 2017, 89: 045005.

[54] BERRY M V. Regular and irregular semiclassical wavefunctions [J]. J. Phys. A, 1977, 10(12):2083.

[55] HELLER E J. Bound-state eigenfunctions of classically chaotic hamiltonian systems: Scars of periodic orbits [J]. Phys. Rev. Lett., 1984, 53: 1515-1518.

[56] WATERLAND R L, YUAN J M, MARTENS C C, et al. Classical-quantum correspondence in the presence of global chaos[J]. Phys. Rev. Lett., 1988, 61:2733-2736.

[57] WINTGEN D, HÖNIG A. Irregular wave functions of a hydrogen atom in a uniform magnetic field[J]. Phys. Rev. Lett., 1989, 63:1467-1470.

[58] HUANG L, LAI Y C, FERRY D K, et al. Relativistic quantum scars. Phys. Rev. Lett., 2009, 103:054101.

[59] XU H Y, HUANG L, LAI Y C, et al. Chiral scars in chaotic dirac fermion systems[J]. Phys. Rev. Lett., 2013, 110:064102.

[60] BAO R, HUANG L, LAI Y C, et al. Conductance fluctuations in chaotic bilayer graphene quantum dots[J]. Phys. Rev. E, 2015, 92:012918.

[61] YING L, LAI Y C. Enhancement of spin polarization by chaos in graphene quantum dot systems[J]. Phys. Rev. B, 2016, 93:085408.

[62] CABOSART D, FANIEL S, MARTINS F, et al. Hackens. Imaging

coherent transport in a mesoscopic graphene ring[J]. Phys. Rev. B, 2014, 90:205433.

[63] BAYFIELD J E, KOCH P M. Multiphoton ionization of highly excited hydrogen atoms[J]. Phys. Rev. Lett. , 1974, 33:258-261.

[64] LEOPOLD J G, PERCIVAL I C. Microwave ionization and excitation of Rydberg atoms[J]. Phys. Rev. Lett. , 1978, 41:944-947.

[65] MOORMAN L, KOCH P M. Microwave ionization of Rydberg atoms[M]// FENG D H, YUAN J M. Quantum Non-Integrability. Singapore: World Scientific, 1992.

[66] VAN LEEUWEN K A H, OPPEN G V, RENWICK S, et al. Microwave ionization of hydrogen atoms: Experiment versus classical dynamics[J]. Phys. Rev. Lett. , 1985, 55:2231-2234.

[67] JENSEN R V, SUSSKIND S M, SANDERS M M. Chaotic ionization of highly excited hydrogen atoms: Comparison of classical and quantum theory with experiment[J]. Phys. Rep. , 1991, 201(1): 1-56.

[68] CASATI G, CHIRIKOV B V, SHEPELYANSKY D L, et al. Relevance of classical chaos in quantum mechanics: The hydrogen atom in a monochromatic field[J]. Phys. Rep. , 1987, 154(2):77-123.

[69] GARTON W R S, TOMKINS F S. Diamagnetic zeeman effect and magnetic configuration mixing in long spectral series of BA I[J]. Astrophys. J. , 1969, 158:839-845.

[70] FRIEDRICH H, WINTGEN H. The hydrogen atom in a uniform magnetic field——an example of chaos[J]. Phys. Rep. , 1989, 183(2):37-79.

[71] HASEGAWA H, ROBNIK M, WUNNER G. Classical and quantal chaos in the diamagnetic kepler problem[J]. Prog. Theor. Phys. Supp. , 1989, 98: 198-286.

[72] MOORE F L, ROBINSON J C, BHARUCHA C F, et al. Atom optics realization of the quantum δ-kicked rotor[J]. Phys. Rev. Lett. , 1995, 75: 4598-4601.

[73] LEMARI'E G, LIGNIER H, DELANDE D, et al. Critical state of the anderson transition: Between a metal and an insulator[J]. Phys. Rev. Lett. , 2010, 105:090601.

[74] DANA I, RAMAREDDY V, TALUKDAR I, et al. Experimental realization of quantum-resonance ratchets at arbitrary quasimomenta[J]. Phys. Rev. Lett. , 2008, 100:024103.

[75] HAINAUT C, FANG P, RANÇON A, et al. Experimental observation of a

time-driven phase transition in quantum chaos[J]. Physical review letters, 2018, 121(13): 134101.

[76] TALUKDAR I, SHRESTHA R, SUMMY G. S. Sub-fourier characteristics of a δ-kicked rotor resonance[J]. Phys. Rev. Lett., 2010, 105:054103.

[77] BOURGAIN J. Estimates on green's functions, localization and the quantum kicked rotor model[J]. Ann. Math., 2002, 156(1):249-294.

[78] LAWTON W, MOURITZEN A S, WANG J, et al. Gong. Spectral relationships between kicked harper and on-resonance double kicked rotor operators[J]. J. Math. Phys., 2009, 50:032103.

[79] FISHMAN S, GREMPEL D R, PRANGE R E. Chaos, quantum recurrences, and anderson localization[J]. Phys. Rev. Lett., 1982, 49:509-512.

[80] ALTLAND A, ZIRNBAUER M R. Field theory of the quantum kicked rotor[J]. Phys. Rev. Lett., 1996, 77:4536-4539.

[81] TIAN C S, ALTLAND A. Theory of localization and resonance phenomena in the quantum kicked rotor[J]. New. J. Phys., 2010, 12:043043.

[82] TIAN C S, CHEN Y, WANG J. Emergence of integer quantum hall effect from chaos[J]. Phys. Rev. B, 2016, 93: 075403.

[83] CASATI G, GUARNERI I, SHEPELYANSKY D L. Anderson transition in a onedimensional system with three incommensurate frequencies[J]. Phys. Rev. Lett., 1989, 62:345-348.

[84] CHAB'E J, LEMARI'E G, GR'EMAUD B, et al. Experimental observation of the anderson metal-insulator transition with atomic matter waves[J]. Phys. Rev. Lett., 2008, 101:255702.

[85] CHIRIKOV B V. A universal instability of many-dimensional oscillator systems[J]. Phys. Rep., 1979, 263:52.

[86] FISHMAN S. Anderson localization and quantum chaos maps [J]. Scholarpedia, 2010, 5:9816.

[87] CHIRIKOV B, SHEPELYANSKY D. Chirikov standard map [J]. Scholarpedia, 2008, 3:3550.

[88] GREENE J M. Method for determining a stochastic transition[J]. J. Math. Phys., 1979, 1183:20.

[89] MACKAY R S. A renormalization approach to invariant circles in area-preserving maps[J]. Physica D, 1983, 7(1-3): 283-300.

[90] MACKAY R S. Transport in Hamiltonian systems[J]. Physica D, 1984, 13

(1-2):55-81.

[91] ZASLAVSKY G M. Chaos in Dynamical Systems [M]. New York: Harwood, 1985.

[92] SAGDEEV R Z, USIKOV D A, ZASLAVSKY G M. Nonlinear Physics: from the Pendulum to Turbulence and Chaos [M]. New York: Harwood, 1989.

[93] KARNEY C F, RECHESTER A B, WHITE R B. Effect of noise on the standard mapping[J]. Physica D, 1982, 4(3): 425-438.

[94] ICHIKAWA Y H, KAMIMURA T, HATORI T. Stochastic diffusion in the standard map[J]. Physica D, 1987, 29.(1-2): 247-255.

[95] ISHIZAKI R, HORITA T, KOBAYASHI T, et al. Anomalous diffusion due to accelerator modes in the standard map[J]. Progr. Theoret. Phys., 1991, 85 (5):1013-1022.

[96] MEISS J D, CARY J R,GREBOGI C, et al. Correlations of periodic, area-preserving maps[J]. Physica D, 1983, 6(3): 375-384.

[97] REICHL L E. The Transition To Chaos: In Conservative Classical Systems: Quantum Manifestations[M]. New York: Springer, 2004.

[98] CHIRIKOV B V, IZRAELEV F M, SHEPELYANSKY D L. Quantum chaos: localization versus ergodicity[J]. Physica D, 1988, 33(1-3): 77-88.

[99] HANSON J D, OTT E, ANTONSEN T M. Influence of finite wavelength on the quantum kicked rotator in the semiclassical regime[J]. Phys. Rev. A, 1984, 29(2): 819.

[100] DANA I, EISENBERG E, SHNERB N. Antiresonance and localization in quantum dynamics[J]. Phys. Rev. E, 1996, 54:5948-5963.

[101] CASATI G, GUARNERI I. Non-recurrent behaviour in quantum dynamics [J]. Commun. Math. Phys., 1984, 95(1):121-127.

[102] D'ARCY M B, GODUN R M, OBERTHALER M K, et al. Quantum enhancement of momentum diffusion in the delta-kicked rotor[J]. Phys. Rev. Lett., 2001, 87 (7) :074102.

[103] D'ARCY M B, GODUN R M, OBERTHALER M K, et al. Approaching classicality in quantum accelerator modes through decoherence[J]. Phys. Rev. E, 2001, 64 (5) : 056233.

[104] WIMBERGER S, GUARNERI I, FISHMAN S. Quantum resonances and decoherence for δ-kicked atoms[J]. Nonlinearity, 2003, 16 (4): 1381.

[105] FISHMAN S, GUARNERI I, REBUZZINI L. Stable quantum resonances in atom optics[J]. Phys. Rev. Lett., 2002, 89 (8): 084101.

[106] WIMBERGER S, GUARNERI I, FISHMAN S. Classical scaling theory of quantum resonances[J]. Phys. Rev. Lett. , 2004, 92(8) : 084102.

[107] BERMAN G, KOLOVSKY A, IZRAILEV F M. Quantum chaos and peculiarities of diffusion in Wigner representation[J]. Phys. A, 1988, 152 (1) : 273-286.

[108] WANG J, GUARNER I, CASATI G, et al. Long-lasting exponential spreading in periodically driven quantum systems[J]. Phys. Rev. Lett. , 2011, 107:234104.

[109] FANG P, WANG J. Superballistic wavepacket spreading in double kicked rotors[J]. Sci. China Phys. Mech. Astron. , 2016, 59: 680011.

[110] ANDERSON P W. Absence of diffusion in certain random lattices[J]. Phys. Rev. , 1958, 109: 1492-1505.

[111] TIAN C S, ALTLAND A R, GARST M. Theory of the anderson transition in the quasiperiodic kicked rotor[J]. Phys. Rev. Lett. , 2011, 107:074101.

[112] WIGNER E P. Conference on Neutron Physics by Time-of-flight [J], Gatlinburg, Tennessee,1957: 59-70.

[113] MEHTA M L. Random Matrices[M]. Amsterdam: Elsevier, 2004.

[114] BRODY T A, FLORES J, FRENCH J B, et al. Random-matrix physics: spectrum and strength fluctuations[J]. Rev. Modern Phys. ,1981, 53:385-479.

[115] GUHR T, MÜLLER-GROELING A, WEIDENMÜLLER H A. Random-matrix theories in quantum physics: common concepts[J]. Phys. Rep. , 1998, 299 (4) : 189-425.

[116] SIEBER M, RICHTER K. Correlations between periodic orbits and their role in spectral statistics[J]. Phys. Scr. T, 2001, 90 (1): 128.

[117] MÜLLER S, HEUSLER S, BRAUN P, et al. Semiclassical foundation of universality in quantum chaos[J]. Phys. Rev. Lett. , 2004, 93:014103.

[118] MÜLLER S, NOVAES M. Semiclassical calculation of spectral correlation functions of chaotic systems[J]. Phys. Rev. E, 2018, 98: 052207.

[119] AKEMANN G, BAIK J, DI FRANCESCO P. The Oxford Handbook Of Random Matrix Theory[M]. Oxford: Oxford University Press, 2011.

[120] KOTA V K B. Interpolating and other extended classical ensembles[M]// KOTA V K B. Embedded Random Matrix Ensembles in Quantum Physics. Cham: Springer, 2014: 39-68.

[121] GÓMEZ J, KAR K, KOTA V, et al. Many-body quantum chaos: Recent

developments and applications to nuclei[J]. Phys. Rep. , 2011, 499(4):
103-226.

[122] DYSON F J. Statistical theory of the energy levels of complex systems[J].
I, J. Math. Phys. ,1962, 3(1): 140-156.

[123] DYSON F J. Statistical theory of the energy levels of complex systems[J].
II, J. Math. Phys. ,1962, 3(1): 157-165.

[124] DYSON F J. The threefold way. Algebraic structure of symmetry groups
and ensembles in quantum mechanics[J]. J. Math. Phys. ,1962, 3 (6):
1199-1215.

[125] LIVAN G, NOVAES M, VIVO P. Introduction To Random Matrices:
Theory And Practice[M]. New York: Springer, 2018.

[126] ZIRNBAUER M R. Symmetry classes in random matrix theory [J].
Encyclopedia of Mathematical Physics, 2006: 204-212.

[127] IZRAILEV F M. Distribution of quasienergy level spacings for classically
chaotic quantum systems[J]. Institute Of Nuclear Physics, 1984: 84-63.

[128] FEINGOLD M, FISHMAN S, GREMPE D R, et al. Statistics of quasi-
energy separations in chaotic systems [J]. Phys. Rev. B, 1985, 31:
6852-6855.

[129] MOLČANOV S. The local structure of the spectrum of the one-
dimensional Schrödinger operator, Commun[J]. Math. Phys. , 1981, 78
(3): 429-446.

[130] FEINGOLD M, FISHMAN S. Statistics of quasienergies in chaotic and
random systems[J]. Physica D, 1987, 25(1-3):181-195.

[131] IZRAILEV F M. Limiting quasienergy statistics for simple quantum
systems[J]. Phys. Rev. Lett. , 1986, 56: 541-544.

[132] IZRAILEV F M. Chaotic stucture of eigenfunctions in systems with
maximal quantum chaos[J]. Phys. Lett. A, 1987, 125(5): 250-252.

[133] FRAHM H, MIKESKA H J. Quantum suppression of irregularity in the
spectral properties of the kicked rotator[J]. Phys. Rev. Lett. , 1988, 60:
3-6.

[134] FEINGOLD M, FISHMAN S, GREMPEL D R, et al. Comment on
"quantum suppression of irregularity in the spectral properties of the kicked
rotator"[J]. Phys. Rev. Lett. , 1988, 61: 377.

[135] IZRAILEV F M. Quantum localization and statistics of quasienergy
spectrum in a classically chaotic system[J]. Phys. Lett. A, 1988, 134(1):
13-18.

[136] BATISTIĆ B, MANOS T, ROBNIK M. The intermediate level statistics in dynamically localized chaotic eigenstates[J]. Europhys. Lett. , 2013. 102(5): 50008.

[137] BRODY T. A statistical measure for the repulsion of energy levels[J]. Lett. Nuovo Cimento, 1973, 7(12): 482-484.

[138] IZRAILEV F M. Intermediate statistics of the quasi-energy spectrum and quantum localisation of classical chaos[J]. J. Phys. A: Math. Gen. , 1989, 22(7):865-878.

[139] BERRY M V, ROBNIK M. Semiclassical level spacings when regular and chaotic orbits coexist[J]. J. Phys. A: Math. Gen, 1984, 17 (12): 2413-2421.

[140] HAAKE F, KUŚ M, SCHARF R. Classical and quantum chaos for a kicked top[J]. Zeitschrift FÜR Physik B Condensed Matter, 1987, 65 (3): 381-395.

[141] ECKHARDT B. Quantum mechanics of classically non-integrable systems [J]. Phys. Rep. ,1988, 163(4): 205-297.

[142] LI W, CHEN S G, WANG G R. Two kicks model and controlling global chaos[J]. Phys. Lett. A, 2001, 281:334-340.

[143] JONES P H, STOCKLIN M M, HUR G, et al. Monteiro. Atoms in double-δ-kicked periodic potentials: Chaos with long-range correlations[J]. Phys. Rev. Lett. , 2004, 93:223002.

[144] WANG J, MONTEIRO T S, FISHMAN S, et al. Fractional$\hbar$ scaling for quantum kicked rotors without cantori[J]. Phys. Rev. Lett. , 2007, 99:234101.

[145] WANG J, GONG J B. Quantum ratchet accelerator without a bichromatic lattice potential[J]. Phys. Rev. E, 2008, 78:036219.

[146] HO D Y H, GONG J B. Quantized adiabatic transport in momentum space [J]. Phys. Rev. Lett. , 2012, 109:010601.

[147] WANG H L, WANG J, GUARNERI I, et al. Exponential quantum spreading in a class of kicked rotor systems near high-order resonances[J]. Phys. Rev. E, 2013, 88:052919.

[148] SCHARF R. Kicked rotator for a spin-1/2 particle[J]. J. Phys. A, 1989, 19:4223-4242.

[149] THAHA M, BL̈UMEL R. Nonuniversality of the localization length in a quantum chaotic system[J]. Phys. Rev. Lett. , 1994, 72:72-75.

[150] OSSIPOV A, BASKO D M, KRAVTSOV V E. A super-Ohmic energy absorption in driven quantum chaotic systems[J]. Euro. Phys. J. B, 2004, 42:457-460.

[151] DAHLHAUS J P, EDGE J M, TWORZYDŁO J, et al. Quantum hall effect in a one-dimensional dynamical system[J]. Phys. Rev. B, 2011, 84: 115133-115140.

[152] TIAN C, KAMENEV A, LARKIN A. Weak dynamical localization in periodically kicked cold atomic gases [J]. Phys. Rev. Lett., 2004, 93:124101.

[153] TIAN C, KAMENEV A, LARKIN A. Ehrenfest time in the weak dynamical localization[J]. Phys. Rev. B, 2005, 72: 045108.

[154] IZRAILEV F M. Simple models of quantum chaos: Spectrum and eigenfunctions[J]. Phys. ReP., 1990, 196: 299-392.

[155] LOPEZ M, CL'EMENT J F, SZRIFTGISER P, et al. Experimental test of universality of the anderson transition [J]. Phys. Rev. Lett., 2012, 108: 095701.

[156] WANG J, TIAN C S, ALTLAND A. Unconventional quantum criticality in the kicked rotor[J]. Phys. Rev. B, 2014, 89:195105.

[157] DORON E, FISHMAN S. Anderson localization for a two-dimensional rotor[J]. Phys. Rev. Lett., 1988, 60: 867-870.

[158] KOTTOS T, OSSIPOV A, GEISEL T. Signatures of classical diffusion in quantum fluctuations of two-dimensional chaotic systems[J]. Phys. Rev. E, 2003, 68: 066215.

[159] WANG J, GARC'ıA-GARC'ıA A M. Anderson transition in a three-dimensional kicked rotor[J]. Phys. Rev. E, 2009, 79: 036206.

[160] FISHMAN S, GUARNERI I, REBUZZINI L. Stable quantum resonance in atom optics[J]. Phys. Rev. Lett., 2002, 89: 084101.

[161] GRAHAM R, SCHLAUTMANN M, ZOLLER P. Dynamical localization of atomic-beam deflection by a modulated standing light wave[J]. Phys. Rev. A, 1992, 45: R19-R22.

[162] MOORE F L, ROBINSON J C, BHARUCHA C, et al. Observation of dynamical localization in atomic momentum transfer: A new testing ground for quantum chaos[J]. Phys. Rev. Lett., 1994, 73: 2974-2977.

[163] OSKAY W H, KLAPPAUF B G, MILNER V, et al. Ballistic peaks at quantum resonance[J]. Opt. Comm., 2000, 179: 137-148.

[164] RYU C, ANDERSEN M F, VAZIRI A, et al. High-order quantum

resonances observed in a periodically kicked bose-einstein condensate[J]. Phys. Rev. Lett. , 2006, 96: 160403.

[165] ULLAH A, HOOGERLAND M D. Experimental observation of loschmidt time reversal of a quantum chaotic system[J]. Phys. Rev. E, 2011, 83: 046218.

[166] CHAUDHURY S, SMITH A, ANDERSON B E, et al. Quantum signatures of chaos in a kicked top[J]. Nature, 2009, 461: 768-771.

[167] LEBOEUF P, KURCHAN J, FEINGOLD M, et al. Phase-space localization: Topological aspects of quantum chaos[J]. Phys. Rev. Lett. , 1990, 65: 3076-3079.

[168] GEISEL T, KETZMERICK R, PETSCHEL G. Metamorphosis of a cantor spectrum due to classical chaos [J]. Phys. Rev. Lett. , 1991, 67: 3635-3638.

[169] LIMA R, SHEPELYANSKY D. Fast delocalization in a model of quantum kicked rotator[J]. Phys. Rev. Lett. , 1991, 67: 1377-1380.

[170] DEREK Y H HO, GONG J B. Quantized adiabatic transport in momentum space[J]. Phys. Rev. Lett. , 2012, 109: 010601.

[171] WANG H L, ZHOU L W, GONG J B. Interband coherence induced correction to adiabatic pumping in periodically driven systems[J]. Phys. Rev. B, 2015, 91: 085420.

[172] IZRAILEV F M, SHEPELYANSKII D L. Quantum resonance for a rotator in a nonlinear periodic field[J]. Theor. Math. Phys. , 1980, 43: 553-561.

[173] ZHDANOVICH S, BLOOMQUIST C, FLOß J, et al. Quantum resonances in selective rotational excitation of molecules with a sequence of ultrashort laser pulses[J]. Phys. Rev. Lett. , 2012, 109: 043003.

[174] TANIGUCHI N, ALTSHULER B L. Universal ac conductivity and dielectric response of periodic chaotic systems [J]. Phys. Rev. Lett. , 1993, 71:4031-4034.

[175] TIAN C S. Competition between weak localization and ballistic transport [J]. Phys. Rev. Lett. , 2009, 102: 243903.

[176] W'OJCIK D K, DORFMAN J R. Quantum multibaker maps: Extreme quantum regime[J]. Phys. Rev. E, 2002, 66: 036110.

[177] W'OJCIK D K, DORFMAN J R. Diffusive-ballistic crossover in 1d quantum walks[J]. Phys. Rev. Lett. , 2003, 90: 230602.

[178] W'OJCIK D K, DORFMAN J R. Crossover from diffusive to ballistic

transport in periodic quantum maps[J]. Physica D, 2004, 187: 223-243.

[179] ASCHROFT N W, MERMIN N D. Solid State Physics[M]. FortWorth: Harcourt, 1976.

[180] EFETOV K. Supersymmetry in disorder and chaos [M]. Cambridge: Cambridge University Press, 1997.

[181] ALTLAND A, ZIRNBAUER M R. Nonstandard symmetry classes in mesoscopic normal-superconducting hybrid structures[J]. Phys. Rev. B, 1997, 55: 1142-1161.

[182] GUARNERI I. On the spectrum of the resonant quantum kicked rotor[J]. Annales Henri Poincar'e, 2009, 10(6): 1097-1110.

[183] KETZMERICK R, KRUSE K, KRAUT S, et al. What determines the spreading of a wave packet? [J]. Phys. Rev. Lett. , 1997, 79: 1959-1963.

[184] GUARNERI I. Spectral properties of quantum diffusion on discrete lattices [J]. Euro. Phys. Lett. , 1989, 10: 95-100.

[185] GUARNERI I. On an estimate concerning quantum diffusion in the presence of a fractal spectrum[J]. Euro. Phys. Lett. , 1993, 21:729-733.

[186] HUFNAGEL L, KETZMERICK R, KOTTOS T, et al. Superballistic spreading of wave packet[J]. Phys. Rev. E, 2001, 64: 012301.

[187] ZHANG Z J, TONG P Q , GONG J B, et al. Quantum hyperdiffusion in one dimensional tight-binding lattices [J]. Phys. Rev. Lett. , 2012, 108: 070603.

[188] TESSIERI L, AKDENIZ Z, CHERRORET N, et al. Quantum boomerang effect: Beyond the standard Anderson model[J]. Phys. Rev. A, 2021, 103: 063316.

[189] PRAT T, DELANDE D, CHERRORET N. Quantum boomeranglike effect of wave packets in random media [J]. Phys. Rev. A, 2019, 99: 023629.

[190] JANAREK J, DELANDE D, CHERRORET N, et al. Quantum boomerang effect for interacting particles [J]. Phys. Rev. A, 2020, 102: 013303.

[191] NOTARNICOLA S, IEMINI F, ROSSINI D, et al. From localization to anomalous diffusion in the dynamics of coupled kicked rotors[J]. Phys. Rev. E, 2018, 97: 02220.

[192] RAJAK A, DANA I. Stability, isolated chaos, and superdiffusion in nonequilibrium many-body interacting systems[J]. Phys. Rev. E, 2020, 102: 062120.

[193] RUSSOMANNO A，FAVA M，FAZIO R. Chaos and subdiffusion in infinite-range coupled quantum kicked rotors[J]. Phys. Rev. B, 2021, 103：224301.

[194] KUNDU A, RAJAK A, NAG T. Dynamics of fluctuation correlation in a periodically driven classical system[J]. Phys. Rev. B, 2021, 104：075161.

[195] LELLOUCH S, RANÇON A, DE BIÈVRE S, et al. Dynamics of the mean-field-interacting quantum kicked rotor[J]. Phys. Rev. A, 2020, 101：043624.

[196] RYLANDS C, ROZENBAUM E B, GALITSKI V, et al. Many-body dynamical localization in a kicked Lieb-Liniger gas[J]. Phys. Rev. Lett., 2020, 124：155302.

[197] BORGONOVI F, IZRAILEV F M, SANTOS L, et al. Quantum chaos and thermalization in isolated systems of interacting particles[J]. Phys. Rep., 2016, 626：1-58.

[198] TURNER C J, MICHAILIDIS A A, ABANIN D A, et al. Weak ergodicity breaking from quantum many-body scars[J]. Nat. Phys., 2018, 14：745-749.

[199] BERNIEN H, SCHWARTZ S, KEESLING A, et al. Probing many-body dynamics on a 51-atom quantum simulator[J]. Nature, 2017, 551(7682)：579-584.

[200] MCDONALD S W. Wave Dynamics of Regular and Chaotic Rays[M]. Berkeley：University of California, Berkeley. 1983.

[201] SANKARANARAYANAN R, LAKSHMINARAYAN A, SHEOREY V B. Quantum chaos of a particle in a square well：Competing length scales and dynamical localization[J]. Phys. Rev. E, 2001,64：046210.

[202] HU B, LI B, LIU J, et al. Quantum chaos of a kicked particle in an infinite potential well[J]. Phys. Rev. Lett., 1999, 82：4224-4227.

[203] VENEGAS-ANDRACA S E. Quantum walks：a comprehensive review[J]. Quantum Inf. Process. 2012,11 (5)：1015-1106.

[204] ZHOU W. Review on quantum walk algorithm[J]. J. Phys.：Conf. Ser., 2021, 1748：032022.

[205] WEIß M, GROISEAU C, LAM W K, et al. Steering random walks with kicked ultracold atoms[J]. Phys. Rev. A, 2015, 92：033606.

[206] DADRAS S, GRESCH A, GROISEAU C, et al. Quantum walk in momentum space with a Bose-Einstein condensate[J]. Phys. Rev. Lett., 2018, 121：070402.

［207］ DELVECCHIO M, GROISEAU C, PETIZIOL F, et al. Quantum search with a continuous-time quantum walk in momentum space[J]. J. Phys. B: At. Mol. Opt. Phys. , 2020, 53: 065301

［208］ OMANAKUTTAN S, LAKSHMINARAYAN A. Quantum walks with quantum chaotic coins: Loschmidt echo, classical limit, and thermalization [J]. Phys. Rev. E, 2021, 103: 012207.

［209］ BIAMONTE J, WITTEK P, PANCOTTI N, et al. Quantum machine learning[J]. Nature, 2017, 549(7671):195-202.

［210］ BORGONOVI F. Localization in discontinuous quantum systems [J]. Phys. Rev. L, 1998, 80(21):4653-4656.

［211］ HU B, LI B, LIU J, et al. Quantum chaos of kicked particle in an infinite potential wall[J]. Phys. Rev. L, 1999, 82(21): 4224-4227.

附录 A

方程式(3.29)的推导

本部分给出推导得到方程式(3.29)的详细过程。首先把能量表示成二粒子格林函数的傅里叶变换的形式,然后在量子共振下运用 Bloch 定理,可以把能量写成

$$E(t) = -\frac{1}{2}\int\frac{\mathrm{d}\omega}{2\pi}\mathrm{e}^{-\mathrm{i}\omega t}\sum_{n=0}^{q-1}\int_b(\mathrm{d}\theta)\partial_{\theta'}^2\bigg|_{\theta'=\theta}K_\omega(n) \tag{A.1}$$

其中,$K_\omega(n)$ 是密度关联函数。

$$K_\omega = -\frac{1}{2^4}\int\mathrm{d}\boldsymbol{Q}\,\mathrm{str}\big[\boldsymbol{\sigma}_{\mathrm{AR}}^3(1+\boldsymbol{\sigma}_{\mathrm{BF}}^3)(1-\boldsymbol{\sigma}_{\mathrm{T}}^3)\boldsymbol{Q}\boldsymbol{\sigma}_{\mathrm{AR}}^3(1-\boldsymbol{\sigma}_{\mathrm{BF}}^3)(1-\boldsymbol{\sigma}_{\mathrm{T}}^3)\boldsymbol{Q}\big]\mathrm{e}^{-S[\boldsymbol{Q}]} \tag{A.2}$$

其中,$\boldsymbol{\sigma}^3$ 为第三泡利矩阵。计算能量演化时面临的主要挑战是计算给定 θ,θ' 的密度关联函数。这里介绍用场论方法求密度关联函数(二粒子格林函数)的过程。

A.1 作 用 量

在满足 $l < q < \xi$ 和 $E_c/\Delta \gg 1$ 的条件下,文献[81]中用有效场论方法给出的作用量主要由"零模作用量"贡献:

$$S[\boldsymbol{Q}] = \frac{\pi}{8\Delta}\mathrm{str}(D_q\,[\hat{\boldsymbol{\Theta}},\boldsymbol{Q}]^2 - 2\mathrm{i}\omega\boldsymbol{Q}\boldsymbol{\sigma}_{\mathrm{AR}}^3) \tag{A.3}$$

其中:

$$\hat{\boldsymbol{\Theta}} = \begin{pmatrix}\theta_+ & 0\\ 0 & \theta_-\end{pmatrix}_{\mathrm{AR}}\otimes\boldsymbol{\sigma}_{\mathrm{T}}^{-1+\beta^2}\otimes\boldsymbol{\sigma}_{\mathrm{FB}}^0 \tag{A.4}$$

这里计算的是 $\beta=1$ 时系统具有反转对称性、在随机矩阵理论中属于正交类的情形。

用文献[180]中的参数化 $\boldsymbol{Q}$ 场的技术,先把 $\boldsymbol{Q}$ 场写成 $\boldsymbol{Q}=\boldsymbol{U}\boldsymbol{Q}_0\boldsymbol{U}^{-1}$,其中 $[\boldsymbol{U},\boldsymbol{\sigma}_{\mathrm{AR}}^3]=0$,矩阵 $\boldsymbol{Q}_0$ 为

$$Q_0 = \begin{pmatrix} \cos\hat{\boldsymbol{\theta}} & i\sin\hat{\boldsymbol{\theta}} \\ -i\sin\hat{\boldsymbol{\theta}} & -\cos\hat{\boldsymbol{\theta}} \end{pmatrix}_{AR} \tag{A.5}$$

$$\hat{\boldsymbol{\theta}} = \begin{pmatrix} \hat{\boldsymbol{\theta}}_{11} & 0 \\ 0 & \hat{\boldsymbol{\theta}}_{22} \end{pmatrix}_{BF}, \quad \hat{\boldsymbol{\theta}}_{11} = \begin{pmatrix} \tilde{\theta} & 0 \\ 0 & \tilde{\theta} \end{pmatrix}_{T}, \quad \hat{\boldsymbol{\theta}}_{22} = i\begin{pmatrix} \tilde{\theta}_1 & \tilde{\theta}_2 \\ \tilde{\theta}_2 & \tilde{\theta}_1 \end{pmatrix}_{T}$$

其中，$0 < \tilde{\theta} < \pi$，$\tilde{\theta}_{1,2} > 0$。

接下来，把 Q 场带入零模作用量的表达式并求得作用量：

$$S[Q] = \frac{\pi}{8\Delta}\text{str}(D_q[\hat{\boldsymbol{\Theta}}, Q]^2 - 2i\omega Q\boldsymbol{\sigma}_{AR}^3)$$

$$= \frac{\pi}{8\Delta}\text{str}(D_q(\hat{\boldsymbol{\Theta}}Q - Q\hat{\boldsymbol{\Theta}})^2 - 2i\omega Q\boldsymbol{\sigma}_{AR}^3) \tag{A.6}$$

$$= \frac{\pi}{8\Delta}\text{str}(D_q(\hat{\boldsymbol{\Theta}}Q\hat{\boldsymbol{\Theta}}Q + Q\hat{\boldsymbol{\Theta}}Q\hat{\boldsymbol{\Theta}} - \hat{\boldsymbol{\Theta}}QQ\hat{\boldsymbol{\Theta}} - Q\hat{\boldsymbol{\Theta}}\hat{\boldsymbol{\Theta}}Q) - 2i\omega Q\boldsymbol{\sigma}_{AR}^3)$$

注意到 $Q^2 = 1$ 和 $\text{str}(ABC) = \text{str}(CBA)$，因此上式可化简为

$$S[Q] = \frac{\pi}{8\Delta}[-\text{str}(2D_q(\hat{\boldsymbol{\Theta}}Q\hat{\boldsymbol{\Theta}}Q - \hat{\boldsymbol{\Theta}}^2) - 2i\omega\boldsymbol{\sigma}_{AR}^3 Q)] \tag{A.7}$$

通过简单计算可以得到 $\text{srt}(\hat{\boldsymbol{\Theta}}^2) = 0$，所以

$$S[Q] = \frac{\pi}{8\Delta}[-\text{str}(2D_q\hat{\boldsymbol{\Theta}}Q\hat{\boldsymbol{\Theta}}Q - 2i\omega\boldsymbol{\sigma}_{AR}^3 Q)] \tag{A.8}$$

把 $Q = UQ_0U^{-1}$ 带入式(A.8)：

$$S[Q] = \frac{\pi}{8\Delta}[-\text{str}(2D_q\hat{\boldsymbol{\Theta}}UQ_0U^{-1}\hat{\boldsymbol{\Theta}}UQ_0U^{-1} - 2i\omega\boldsymbol{\sigma}_{AR}^3 UQ_0U^{-1})]$$

$$= \frac{\pi}{8\Delta}[-\text{str}(2D_q\boldsymbol{R}^{-1}\hat{\boldsymbol{\Theta}}UQ_0U^{-1}\hat{\boldsymbol{\Theta}}UQ_0 - 2i\omega U^{-1}\boldsymbol{\sigma}_{AR}^3 UQ_0)] \tag{A.9}$$

由于 $\text{str}(A^{-1}BA) = \text{str}(B)$，因此上式可以写成

$$S[Q] = -\frac{\pi}{4\Delta} \times [\text{str}(D_q\hat{\boldsymbol{\Theta}}Q_0\hat{\boldsymbol{\Theta}}Q_0 - i\omega\boldsymbol{\sigma}_{AR}^3 Q_0)] \tag{A.10}$$

然后分别计算第二项 $i\omega\text{str}(\boldsymbol{\sigma}_{AR}^3 Q_0)$ 和第一项 $\text{str}(D_q\hat{\boldsymbol{\Theta}}Q_0\hat{\boldsymbol{\Theta}}Q_0)$，并作变量代换 $\lambda \equiv \cos\tilde{\theta}$，$\lambda_{1,2} \equiv \cosh\tilde{\theta}_{1,2}$ 以简化形式。

代入 Q_0、$\hat{\boldsymbol{\theta}}$ 后，第二项为

$$i\omega\text{str}(\boldsymbol{\sigma}_{AR}^3 Q_0) = 2i\omega(\text{trcos}\hat{\boldsymbol{\theta}}_{11} - \text{trcos}\hat{\boldsymbol{\theta}}_{22}) = 2i\omega(2\cos\tilde{\theta} - 2\cosh\tilde{\theta}_1\cosh\tilde{\theta}_2) \tag{A.11}$$

作变量代换 $\lambda \equiv \cos\tilde{\theta}$，$\lambda_{1,2} \equiv \cosh\tilde{\theta}_{1,2}$ 后，作用量的第二项可以简单表示为

$$i\omega\text{str}(\boldsymbol{\sigma}_{AR}^3 Q_0) = 4i\omega(\lambda - \lambda_1\lambda_2) \tag{A.12}$$

同样地，把 $\hat{\boldsymbol{\Theta}}$、$Q_0$、$\hat{\boldsymbol{\theta}}_{11}$ 以及 $\hat{\boldsymbol{\theta}}_{22}$ 代入后，第一项为

$$\text{str}(D_q \hat{\boldsymbol{\Theta}} \boldsymbol{Q}_0 \hat{\boldsymbol{\Theta}} \boldsymbol{Q}_0) = D_q \text{str}((\theta_+^2 + \theta_-^2)\cos^2\hat{\boldsymbol{\theta}} + 2\theta_+\theta_-\sin^2\hat{\boldsymbol{\theta}}) \tag{A.13}$$

其中：

$$
\begin{aligned}
\text{str}(\cos^2\hat{\boldsymbol{\theta}}) &= \text{tr}(\cos^2\hat{\boldsymbol{\theta}}_{11}) - \text{tr}(\cos^2\hat{\boldsymbol{\theta}}_{22}) \\
&= 2\cos^2\tilde{\theta} - \text{tr}((\cosh\tilde{\theta}_1\cosh\tilde{\theta}_2\tau_0 + \sinh\tilde{\theta}_1\sinh\tilde{\theta}_2\tau_1)^2) \\
&= 2\cos^2\tilde{\theta} - \text{tr}(\cosh^2\tilde{\theta}_1\cosh^2\tilde{\theta}_2\tau_0 + \sinh^2\tilde{\theta}_1\sinh^2\tilde{\theta}_2\tau_0) \\
&= 2\cos^2\tilde{\theta} - (2\cosh^2\tilde{\theta}_1\cosh^2\tilde{\theta}_2 + 2\sinh^2\tilde{\theta}_1\sinh^2\tilde{\theta}_2)
\end{aligned}
\tag{A.14}
$$

和

$$
\begin{aligned}
\text{str}(\sin^2\hat{\boldsymbol{\theta}}) &= \text{tr}(\sin^2\hat{\boldsymbol{\theta}}_{11}) - \text{tr}(\sin^2\hat{\boldsymbol{\theta}}_{22}) \\
&= 2\sin^2\tilde{\theta} - \text{tr}((\text{i}(\sinh\tilde{\theta}_1\cosh\tilde{\theta}_2\tau_0 + \cosh\tilde{\theta}_1\sinh\tilde{\theta}_2\tau_1))^2) \\
&= 2\sin^2\tilde{\theta} - \text{tr}(-(\sinh^2\tilde{\theta}_1\cosh^2\tilde{\theta}_2\tau_0 + \cosh^2\tilde{\theta}_1\sinh^2\tilde{\theta}_2\tau_0)) \\
&= 2\sin^2\tilde{\theta} + 2\sinh^2\tilde{\theta}_1\cosh^2\tilde{\theta}_2 + 2\cosh^2\tilde{\theta}_1\sinh^2\tilde{\theta}_2
\end{aligned}
\tag{A.15}
$$

所以有

$$
\begin{aligned}
&\text{str}((\theta_+^2 + \theta_-^2)\cos^2\hat{\boldsymbol{\theta}} + 2\theta_+\theta_-\sin^2\hat{\boldsymbol{\theta}}) \\
&= (\theta_+^2 + \theta_-^2)(2\cos^2\tilde{\theta} - 2\cosh^2\tilde{\theta}_1\cosh^2\tilde{\theta}_2 - 2\sinh^2\tilde{\theta}_1\sinh^2\tilde{\theta}_2) + \\
&\quad 2\theta_+\theta_-(2\sin^2\tilde{\theta} + 2\sinh^2\tilde{\theta}_1\cosh^2\tilde{\theta}_2 + 2\cosh^2\tilde{\theta}_1\sinh^2\tilde{\theta}_2) \\
&= -2(2\lambda_1^2\lambda_2^2 - \lambda^2 - \lambda_1^2 - \lambda_2^2 + 1)(\theta_+ - \theta_-)^2
\end{aligned}
\tag{A.16}
$$

得

$$
\begin{aligned}
&\text{str}(D_q [\hat{\boldsymbol{\Theta}}, \boldsymbol{Q}]^2 - 2\text{i}\omega\boldsymbol{Q}\boldsymbol{\sigma}_{\text{AR}}^3) \\
&= -2\text{str}(D_q\hat{\boldsymbol{\Theta}}\boldsymbol{Q}_0\hat{\boldsymbol{\Theta}}\boldsymbol{Q}_0 - \text{i}\omega\boldsymbol{\sigma}_{\text{AR}}^3\boldsymbol{Q}_0) \\
&= -2[D_q\text{str}((\theta_+^2 + \theta_-^2)\cosh^2\hat{\boldsymbol{\theta}} + 2\theta_+\theta_-\sin^2\hat{\boldsymbol{\theta}}) - 2\text{i}\omega(\text{trcos}\,\hat{\boldsymbol{\theta}}_{11} - \text{trcos}\,\hat{\boldsymbol{\theta}}_{22})] \\
&= -2D_q[(\theta_+^2 + \theta_-^2)(2\cos^2\tilde{\theta} - 2\cosh^2\tilde{\theta}_1\cosh^2\tilde{\theta}_2 - 2\sinh^2\tilde{\theta}_1\sinh^2\tilde{\theta}_2) + \\
&\quad 2\theta_+\theta_-(2\sin^2\tilde{\theta} + 2\sinh^2\tilde{\theta}_1\cosh^2\tilde{\theta}_2 + 2\cosh^2\tilde{\theta}_1\sinh^2\tilde{\theta}_2)] + \\
&\quad 4\text{i}\omega(2\cos\tilde{\theta} - 2\cosh\tilde{\theta}_1\cosh\tilde{\theta}_2) \\
&= 4D_q(2\lambda_1^2\lambda_2^2 - \lambda^2 - \lambda_1^2 - \lambda_2^2 + 1)(\theta_+ - \theta_-)^2 + 4\text{i}\omega(2\lambda - 2\lambda_1\lambda_2)
\end{aligned}
\tag{A.17}
$$

最后，作用量写成

$$
\begin{aligned}
S[\boldsymbol{Q}] &= \frac{\pi}{8\Delta}\text{str}(D_q [\hat{\boldsymbol{\Theta}}, \boldsymbol{Q}]^2 - 2\text{i}\omega\boldsymbol{Q}\boldsymbol{\sigma}_{\text{AR}}^3) \\
&= \frac{\pi}{2\Delta}[D_q(2\lambda_1^2\lambda_2^2 - \lambda^2 - \lambda_1^2 - \lambda_2^2 + 1)(\theta_+ - \theta_-)^2 + 2\text{i}\omega(\lambda - \lambda_1\lambda_2)]
\end{aligned}
\tag{A.18}
$$

A.2 密度关联函数

计算密度关联函数:

$$K_\omega = -\frac{1}{2^4}\int \mathrm{d}Q\,\mathrm{str}[\boldsymbol{\sigma}_{\mathrm{AR}}^3(1+\boldsymbol{\sigma}_{\mathrm{BF}}^3)(1-\boldsymbol{\sigma}_{\mathrm{T}}^3)Q\boldsymbol{\sigma}_{\mathrm{AR}}^3(1-\boldsymbol{\sigma}_{\mathrm{BF}}^3)(1-\boldsymbol{\sigma}_{\mathrm{T}}^3)Q]\,\mathrm{e}^{-S[Q]} \tag{A.19}$$

其中作用量 $S[Q]$ 已经给出。现在计算 $\mathrm{str}[\boldsymbol{\sigma}_{\mathrm{AR}}^3(1+\boldsymbol{\sigma}_{\mathrm{BF}}^3)(1-\boldsymbol{\sigma}_{\mathrm{T}}^3)Q\boldsymbol{\sigma}_{\mathrm{AR}}^3(1-\boldsymbol{\sigma}_{\mathrm{BF}}^3)(1-\boldsymbol{\sigma}_{\mathrm{T}}^3)Q]$,其中超矩阵 Q 的形式为

$$Q=UQ_0\bar{U}, \quad Q_0=\begin{pmatrix}\cos\hat{\boldsymbol{\theta}} & \mathrm{i}\sin\hat{\boldsymbol{\theta}} \\ -\mathrm{i}\sin\hat{\boldsymbol{\theta}} & -\cos\hat{\boldsymbol{\theta}}\end{pmatrix}_{\mathrm{AR}}, \quad U=\begin{pmatrix}\boldsymbol{u} & 0 \\ 0 & \boldsymbol{v}\end{pmatrix}_{\mathrm{AR}} \tag{A.20}$$

公式(A.20)满足 $Q^2=Q_0^2=1$,矩阵 U 满足条件:

$$U\bar{U}=1, \quad \bar{U}=KU^\dagger K, \quad K=\begin{pmatrix}1 & 0 \\ 0 & k\end{pmatrix}_{\mathrm{BF}} \tag{A.21}$$

其中,4×4 的超矩阵 $\boldsymbol{u}$ 和 $\boldsymbol{v}$ 满足条件:

$$\bar{u}u=1, \quad \bar{v}v=1, \quad \bar{u}=u^\dagger, \quad \bar{v}=kv^\dagger k \tag{A.22}$$

为了显式计算,这里选择矩阵 U 的一种参数化形式,使得方程(A.20)中的 U 满足上述条件。可以把 U 写成

$$U=U_1U_2, \quad U_1=\begin{pmatrix}\boldsymbol{u}_1 & 0 \\ 0 & \boldsymbol{v}_1\end{pmatrix}, \quad U_2=\begin{pmatrix}\boldsymbol{u}_2 & 0 \\ 0 & \boldsymbol{v}_2\end{pmatrix} \tag{A.23}$$

其中,所有的超矩阵 $\boldsymbol{u}_1,\boldsymbol{u}_2,\boldsymbol{v}_1,\boldsymbol{v}_2$ 都是幺正的:

$$\bar{u}_1u_1=\bar{u}_2u_2=\bar{v}_1v_1=\bar{v}_2v_2=1 \tag{A.24}$$

把所有 Grassmann 变量放到超矩阵 $\boldsymbol{u}_1$ 和 $\boldsymbol{v}_1$ 中,矩阵 $\boldsymbol{u}_2$ 和 $\boldsymbol{v}_2$ 只包含剩下的与矩阵 $\boldsymbol{k}$ 对易的变量。它们可以写成

$$u_2=\begin{pmatrix}\boldsymbol{F}_1 & 0 \\ 0 & \boldsymbol{F}_2\end{pmatrix}, \quad v_2=\begin{pmatrix}\boldsymbol{\Phi}_1 & 0 \\ 0 & \boldsymbol{\Phi}_2\end{pmatrix} \tag{A.25}$$

幺正矩阵 $\boldsymbol{F}_{1,2}$ 和 $\boldsymbol{\Phi}_{1,2}$ 分别写作

$$\begin{cases}\boldsymbol{F}_1=(1-\mathrm{i}\boldsymbol{M})(1+\mathrm{i}\boldsymbol{M})^{-1}, & \boldsymbol{F}_2=\exp(\mathrm{i}\phi\boldsymbol{\tau}_3) \\ \boldsymbol{\Phi}_1=1, & \boldsymbol{\Phi}_2=\exp(\mathrm{i}\chi\boldsymbol{\tau}_3)\end{cases} \tag{A.26}$$

上式中,相位 ϕ 和 χ 的取值范围:$0<\phi<2\pi,0<\chi<2\pi$。矩阵 $\boldsymbol{\tau}_3$ 和 $\boldsymbol{M}$ 为

$$\boldsymbol{\tau}_3=\begin{pmatrix}1 & 0 \\ 0 & -1\end{pmatrix}, \quad \boldsymbol{M}=\begin{pmatrix}m & m_1^* \\ m_1 & -m\end{pmatrix} \tag{A.27}$$

其中,m 是一个实数,而 m_1 是一个复数。

要完全表示超矩阵 Q,还需给出超矩阵 $\boldsymbol{u}_1$ 和 $\boldsymbol{v}_1$ 的显示表达式。它们分别为

$$u_1=\begin{pmatrix}1-2\boldsymbol{\eta\bar\eta}+6\,(\boldsymbol{\eta\bar\eta})^2 & 2\boldsymbol{\eta}(1-2\bar{\boldsymbol{\eta}}\boldsymbol{\eta})\\ -2(1-2\bar{\boldsymbol{\eta}}\boldsymbol{\eta})\bar{\boldsymbol{\eta}} & 1-2\bar{\boldsymbol{\eta}}\boldsymbol{\eta}+6\,(\bar{\boldsymbol{\eta}}\boldsymbol{\eta})^2\end{pmatrix} \tag{A.28}$$

$$v_1=\begin{pmatrix}1+2\boldsymbol{\kappa\bar\kappa}+6\,(\boldsymbol{\kappa\bar\kappa})^2 & 2\mathrm{i}\boldsymbol{\kappa}(1+2\bar{\boldsymbol{\kappa}}\boldsymbol{\kappa})\\ -2\mathrm{i}(1+2\bar{\boldsymbol{\kappa}}\boldsymbol{\kappa})\bar{\boldsymbol{\kappa}} & 1+2\bar{\boldsymbol{\kappa}}\boldsymbol{\kappa}+6\,(\bar{\boldsymbol{\kappa}}\boldsymbol{\kappa})^2\end{pmatrix}$$

其中,正交类系综的矩阵 $\boldsymbol{\eta}$ 和 $\boldsymbol{\kappa}$ 分别为

$$\boldsymbol{\eta}=\begin{pmatrix}\eta_1 & \eta_2\\ -\eta_2^* & -\eta_1^*\end{pmatrix},\quad \boldsymbol{\kappa}=\begin{pmatrix}\kappa_1 & \kappa_2\\ -\kappa_2^* & -\kappa_1^*\end{pmatrix} \tag{A.29}$$

注意:$\boldsymbol{\eta}$ 和 $\boldsymbol{\kappa}$ 有对称性 $\bar{\boldsymbol{\eta}}=\boldsymbol{\eta}^\dagger$ 和 $\bar{\boldsymbol{\kappa}}=\boldsymbol{\kappa}^\dagger$;Grassmann 数满足 $(\eta_i^*)^*=-\eta_i$。

完成参数化后,可以把对 Q 的积分简化成对变量 $\tilde\theta$、$\tilde\theta_1$、$\tilde\theta_2$ 的积分,而其他变量的积分都比较容易计算。做这个简化的唯一代价是计算变量代换的雅可比矩阵。而且这个雅可比矩阵只需要计算一次就可以用来计算各种不同物理量。文献[180]已经给出了这个雅可比矩阵。把对 Q 的积分 $[\mathrm{d}Q]$ 变换为

$$[\mathrm{d}Q]=J\mathrm{d}R_1\mathrm{d}R_2 d\hat{\boldsymbol{\theta}},\quad J=J_1J_2 \tag{A.30}$$

其中,$J_1\mathrm{d}R_1$ 表示反对易变量部分的微元,$J_2\mathrm{d}R_2$ 表示对易变量部分的微元,$d\hat{\boldsymbol{\theta}}$ 表示 $\hat{\boldsymbol{\theta}}$ 部分的微元。方程式(A.30)中的各个量可以写成

$$J_1=\frac{1}{2^{20}}(\cosh(\tilde\theta_1+\tilde\theta_2)-\cos\tilde\theta)^{-2}(\cosh(\tilde\theta_1-\tilde\theta_2)-\cos\tilde\theta)^{-2} \tag{A.31}$$

$$\mathrm{d}R_1=\mathrm{d}R_\eta\mathrm{d}R_\kappa,\quad \mathrm{d}R_\eta=\mathrm{d}\eta_1\mathrm{d}\eta_1^*\mathrm{d}\eta_2\mathrm{d}\eta_2^*,\quad \mathrm{d}R_\kappa=\mathrm{d}\kappa_1\mathrm{d}\kappa_1^*\mathrm{d}\kappa_2\mathrm{d}\kappa_2^* \tag{A.32}$$

$$J_2=\frac{2^{12}}{\pi^4}\frac{\sin^3\tilde\theta\sinh\tilde\theta_1\sinh\tilde\theta_2}{(1+m^2+|m_1|^2)^3},\quad \mathrm{d}R_2=\mathrm{d}m\mathrm{d}m_1\mathrm{d}m_1^*\mathrm{d}\phi\mathrm{d}\chi,\quad d\hat{\boldsymbol{\theta}}=\mathrm{d}\tilde\theta\mathrm{d}\tilde\theta_1\mathrm{d}\tilde\theta_2 \tag{A.33}$$

把 Q 场式(A.20)代入,关联函数中的部分系数:

$$\mathrm{str}[\boldsymbol{\kappa}(1+\boldsymbol{\Lambda})(1-\tau_3)Qk(1-\boldsymbol{\Lambda})(1-\tau_3)Q]$$
$$=2^4\mathrm{str}(\bar uk\tau_{--}u\sin\hat{\boldsymbol{\theta}}\,\bar vk\tau_{--}v\sin\hat{\boldsymbol{\theta}}) \tag{A.34}$$

其中 $\tau_{--}=\dfrac{1-\tau_3}{2}$。最后,关联函数可以写成

$$K_\omega(\Delta\theta)=\frac{q}{4}\int_1^\infty\mathrm{d}\lambda_1\int_1^\infty\mathrm{d}\lambda_2\int_{-1}^1\mathrm{d}\lambda\frac{(1-\lambda^2)(1-\lambda^2-\lambda_1^2-\lambda_2^2+2\lambda_1^2\lambda_2^2)}{(\lambda^2+\lambda_1^2+\lambda_2^2-2\lambda\lambda_1\lambda_2-1)^2}$$
$$\times\mathrm{e}^{-\frac{\pi}{2\Delta}[D_q\Delta\theta^2(2\lambda_1^2\lambda_2^2-\lambda^2-\lambda_1^2-\lambda_2^2+1)+2\mathrm{i}\omega(\lambda-\lambda_1\lambda_2)]} \tag{A.35}$$

具体地,需要经过一些矩阵计算。考虑到 Grassmann 变量积分的规则相当于对普通变量求导,所以对积分有贡献的只有含 $\eta_1\eta_1^*\eta_2\eta_2^*\kappa_1\kappa_1^*\kappa_2\kappa_2^*$ 的项。

下面分别计算了关联函数的各个因子,注意只有含 $\eta_1\eta_1^*\eta_2\eta_2^*\kappa_1\kappa_1^*\kappa_2\kappa_2^*$ 的项被留下了。

$$\bar uk\tau_{--}u=16\eta_1\eta_1^*\eta_2\eta_2^*\begin{pmatrix}2-\dfrac{1+\mathrm{i}M}{1-\mathrm{i}M}\tau_3\dfrac{1-\mathrm{i}M}{1+\mathrm{i}M} & 0\\ 0 & 2\end{pmatrix} \tag{A.36}$$

$$\bar{v}k\tau_{--}v=16\kappa_1\kappa_1^*\,\kappa_2\kappa_2^*\begin{pmatrix}2-\tau_3 & 0\\ 0 & 2\end{pmatrix} \tag{A.37}$$

$$\frac{1+\mathrm{i}\boldsymbol{M}}{1-\mathrm{i}\boldsymbol{M}}\tau_3\,\frac{1-\mathrm{i}\boldsymbol{M}}{1+\mathrm{i}\boldsymbol{M}}=\left(1-\frac{8\,|\,m_1\,|^2}{(1+m^2+|\,m_1\,|^2)^2}\right)\tau_3 \tag{A.38}$$

和

$$\sin\hat{\boldsymbol{\theta}}=\sin\begin{pmatrix}\sin\tilde{\theta}\,\tau_0 & 0\\ 0 & \mathrm{i}(\sinh\tilde{\theta}_1\cosh\tilde{\theta}_2\tau_0+\cosh\tilde{\theta}_1\sinh\tilde{\theta}_2\tau_1)\end{pmatrix} \tag{A.39}$$

将式(A.36)~式(A.38)带入式(A.34),得关联函数的超迹部分:

$$\mathrm{str}[\boldsymbol{k}(1+\boldsymbol{\Lambda})(1-\boldsymbol{\tau}_3)\boldsymbol{Q}\boldsymbol{k}(1-\boldsymbol{\Lambda})(1-\boldsymbol{\tau}_3)\boldsymbol{Q}]$$

$$=2^4\,\mathrm{str}(\bar{\boldsymbol{u}}\boldsymbol{k}\tau_{--}\boldsymbol{u}\sin\hat{\boldsymbol{\theta}}\,\bar{\boldsymbol{v}}\boldsymbol{k}\tau_{--}\boldsymbol{v}\sin\hat{\boldsymbol{\theta}})$$

$$=2^4\,\mathrm{str}\Bigg[16\eta_1\eta_1^*\,\eta_2\eta_2^*\left(2\tau_0-\left(1-\frac{8\,|\,m_1\,|^2}{(1+m^2+|\,m_1\,|^2)^2}\right)\tau_3\quad 0\atop 0\qquad\qquad\qquad\qquad\qquad 2\tau_0\right)\cdot$$

$$\begin{pmatrix}\sin\tilde{\theta}\,\tau_0 & 0\\ 0 & \mathrm{i}(\sinh\tilde{\theta}_1\cosh\tilde{\theta}_2\tau_0+\cosh\tilde{\theta}_1\sinh\tilde{\theta}_2\tau_1)\end{pmatrix}\cdot$$

$$16\kappa_1\kappa_1^*\,\kappa_2\kappa_2^*\begin{pmatrix}2\tau_0-\tau_3 & 0\\ 0 & 2\tau_0\end{pmatrix}\cdot \tag{A.40}$$

$$\begin{pmatrix}\sin\tilde{\theta}\,\tau_0 & 0\\ 0 & \mathrm{i}(\sinh\tilde{\theta}_1\cosh\tilde{\theta}_2\tau_0+\cosh\tilde{\theta}_1\sinh\tilde{\theta}_2\tau_1)\end{pmatrix}\Bigg]$$

$$=2^{12}\eta_1\eta_1^*\,\eta_2\eta_2^*\,\kappa_1\kappa_1^*\,\kappa_2\kappa_2^*\left[\sin^2\tilde{\theta}\left(10-\frac{16\,|\,m_1\,|^2}{(1+m^2+|\,m_1\,|^2)^2}\right)+\right.$$

$$\left.8(\sinh^2\tilde{\theta}_1\cosh^2\tilde{\theta}_2+\cosh^2\tilde{\theta}_1\sinh^2\tilde{\theta}_2)\right]$$

注意到关联函数:

$$K_\omega=-\frac{1}{2^4}\int\mathrm{d}\boldsymbol{Q}\,\mathrm{str}[\boldsymbol{\sigma}_{\mathrm{AR}}^3(1+\boldsymbol{\sigma}_{\mathrm{BF}}^3)(1-\boldsymbol{\sigma}_{\mathrm{T}}^3)\boldsymbol{Q}\boldsymbol{\sigma}_{\mathrm{AR}}^3(1-\boldsymbol{\sigma}_{\mathrm{BF}}^3)(1-\boldsymbol{\sigma}_{\mathrm{T}}^3)\boldsymbol{Q}]\mathrm{e}^{-S[\boldsymbol{Q}]} \tag{A.41}$$

其中作用量 $S[\boldsymbol{Q}]$ 已经给出,只包含 λ、λ_1 和 λ_2 变量,所以可以先把 $\mathrm{str}[\boldsymbol{k}(1+\boldsymbol{\Lambda})(1-\boldsymbol{\tau}_3)\boldsymbol{Q}\boldsymbol{k}(1-\boldsymbol{\Lambda})(1-\boldsymbol{\tau}_3)\boldsymbol{Q}]$ 对除了 $\tilde{\theta}$、$\tilde{\theta}_1$ 和 $\tilde{\theta}_2$ 以外的变量作积分。

先对 $\boldsymbol{R}_1$ 作积分:

$$\int\mathrm{d}\boldsymbol{R}_1\,\mathrm{str}[\boldsymbol{k}(1+\boldsymbol{\Lambda})(1-\boldsymbol{\tau}_3)\boldsymbol{Q}\boldsymbol{k}(1-\boldsymbol{\Lambda})(1-\boldsymbol{\tau}_3)\boldsymbol{Q}]$$

$$=2^{12}\left[\sin^2\tilde{\theta}\left(10-\frac{16\,|\,m_1\,|^2}{(1+m^2+|\,m_1\,|^2)^2}\right)+8(\sinh^2\tilde{\theta}_1\cosh^2\tilde{\theta}_2+\cosh^2\tilde{\theta}_1\sinh^2\tilde{\theta}_2)\right]$$

$$\tag{A.42}$$

然后对 R_2 作积分：

$$\int \frac{\mathrm{d}R_2}{(1+m^2+|m_1|^2)^3} \int \mathrm{d}R_1 \, \mathrm{str}\left[k(1+\Lambda)(1-\tau_3)Qk(1-\Lambda)(1-\tau_3)Q\right]$$

$$= \int \mathrm{d}m\,\mathrm{d}m_1\,\mathrm{d}m_1^*\,\mathrm{d}\phi\mathrm{d}\chi \,\frac{2^{12}}{(1+m^2+|m_1|^2)^3} \cdot$$

$$\left[\sin^2\widetilde{\theta}\left(10-\frac{16|m_1|^2}{(1+m^2+|m_1|^2)^2}\right)+8(\sinh^2\widetilde{\theta}_1\cosh^2\widetilde{\theta}_2+\cosh^2\widetilde{\theta}_1\sinh^2\widetilde{\theta}_2)\right]$$

$$\text{(A.43)}$$

为了简化积分，做变量代换：

$$m_1 = m_{1x} + im_{1y}$$
$$m_1^* = m_{1x} - im_{1y} \qquad \text{(A.44)}$$
$$\mathrm{d}m_1\,\mathrm{d}m_1^* = 2\mathrm{d}m_{1x}\,\mathrm{d}m_{1y}$$

其中，m_{1x} 和 m_{1y} 分别表示复数 m_1 的实部和虚部，设 $R^2 = m^2 + |m_1|^2$，分别对各项积分，可以写成

$$10\int_0^\infty \mathrm{d}R 4\pi R^2 \frac{1}{(1+R^2)^3} = 4\pi \cdot 10 \int_0^{2\pi} \frac{\tan^2\alpha}{\sec^6\alpha}\sec^2\alpha\mathrm{d}\alpha = 4\pi \cdot \frac{5\pi}{8} \qquad \text{(A.45)}$$

$$-16\cdot\frac{2}{3}\int_0^\infty \mathrm{d}R 4\pi R^2 \frac{R^2}{(1+R^2)^5} = -4\pi\cdot 16\cdot\frac{2}{3}\int_0^{2\pi}\frac{\tan^4\alpha}{\sec^{10}\alpha}\sec^2\alpha\mathrm{d}\alpha = -4\pi\cdot\frac{\pi}{8}$$

$$\text{(A.46)}$$

$$8\int_0^\infty \mathrm{d}R 4\pi R^2 \frac{1}{(1+R^2)^3} = 4\pi\cdot\frac{\pi}{2} \qquad \text{(A.47)}$$

$$\int \frac{\mathrm{d}R_2}{(1+m^2+|m_1|^2)^3}\cdot\int \mathrm{d}R_1\,\mathrm{str}\left[\boldsymbol{\sigma}_{AR}^3(1+\boldsymbol{\sigma}_{BF}^3)(1-\boldsymbol{\sigma}_T^3)Q\boldsymbol{\sigma}_{AR}^3(1-\boldsymbol{\sigma}_{BF}^3)(1-\boldsymbol{\sigma}_T^3)Q\right]\mathrm{e}^{-S[Q]}$$

$$= 4\pi\cdot\frac{\pi}{2}\cdot(2\pi)^2\cdot 2^{13}\left[\sin^2\widetilde{\theta}+\sinh^2\widetilde{\theta}_1\cosh^2\widetilde{\theta}_2+\cosh^2\widetilde{\theta}_1\sinh^2\widetilde{\theta}_2\right]$$

$$= 2^{16}\pi^4\left[1-\cos^2\widetilde{\theta}+(\cosh^2\widetilde{\theta}_1-1)\cosh^2\widetilde{\theta}_2+\cosh^2\widetilde{\theta}_1(\cosh^2\widetilde{\theta}_2-1)\right]$$

$$\text{(A.48)}$$

最后只剩下对 $\widetilde{\theta}$、$\widetilde{\theta}_1$ 和 $\widetilde{\theta}_2$ 的积分：

$$\int \mathrm{d}Q\,\mathrm{str}\left[\boldsymbol{\sigma}_{AR}^3(1+\boldsymbol{\sigma}_{BF}^3)(1-\boldsymbol{\sigma}_T^3)Q\boldsymbol{\sigma}_{AR}^3(1-\boldsymbol{\sigma}_{BF}^3)(1-\boldsymbol{\sigma}_T^3)Q\right]\mathrm{e}^{-S[Q]}$$

$$= 2^8\int \mathrm{d}\widehat{\boldsymbol{\theta}}\frac{(1-\cos\widetilde{\theta}^2)\sin\widetilde{\theta}\sinh\widetilde{\theta}_1\sinh\widetilde{\theta}_2}{(\cosh\widetilde{\theta}^2+\cosh\widetilde{\theta}_1^2+\cosh\widetilde{\theta}_2^2-2\cos\widetilde{\theta}\cosh\widetilde{\theta}_1\cosh\widetilde{\theta}_2-1)^2}\times \quad \text{(A.49)}$$

$$(1-\cos\widetilde{\theta}^2-\cosh\widetilde{\theta}_1^2-\cosh\widetilde{\theta}_2^2+2\cosh\widetilde{\theta}_1^2\cosh\widetilde{\theta}_2^2)$$

做变量代换 $\lambda \equiv \cos\widetilde{\theta}$、$\lambda_{1,2} \equiv \cosh\widetilde{\theta}_{1,2}$ 后，关联函数可以写成：

$$K_\omega(\Delta\theta) = 2^8\int_1^\infty \mathrm{d}\lambda_1\int_1^\infty \mathrm{d}\lambda_2\int_{-1}^1 \mathrm{d}\lambda \frac{(1-\lambda^2)(1-\lambda^2-\lambda_1^2-\lambda_2^2+2\lambda_1^2\lambda_2^2)}{(\lambda^2+\lambda_1^2+\lambda_2^2-2\lambda\lambda_1\lambda_2-1)^2}\times$$

$$\text{(A.50)}$$

$$\mathrm{e}^{-\frac{\pi}{2\Delta}[D_q\Delta\theta^2(2\lambda_1^2\lambda_2^2-\lambda^2-\lambda_1^2-\lambda_2^2+1)+2i\omega(\lambda-\lambda_1\lambda_2)]}$$

A.3 能   量

计算能量的表达式时,把能量写成关联函数的傅里叶变换形式:

$$E(t) = -\frac{1}{2}\int \frac{\mathrm{d}\omega}{2\pi} \mathrm{e}^{-\mathrm{i}\omega t} \frac{\partial^2}{\partial \Delta\theta^2}\bigg|_{\Delta\theta=0} K_\omega(\Delta\theta) \tag{A.51}$$

用超对称场论方法把上式中的关联函数写成关于 3 个变量的积分:

$$K_\omega(\Delta\theta) = \frac{q}{4}\int_1^\infty \mathrm{d}\lambda_1 \int_1^\infty \mathrm{d}\lambda_2 \int_{-1}^1 \mathrm{d}\lambda \frac{(1-\lambda^2)(1-\lambda^2-\lambda_1^2-\lambda_2^2+2\lambda_1^2\lambda_2^2)}{(\lambda^2+\lambda_1^2+\lambda_2^2-2\lambda\lambda_1\lambda_2-1)^2} \times \tag{A.52}$$

$$\mathrm{e}^{-\frac{\pi}{2\Delta}[D_q\Delta\theta^2(2\lambda_1^2\lambda_2^2-\lambda^2-\lambda_1^2-\lambda_2^2+1)+2\mathrm{i}\omega(\lambda-\lambda_1\lambda_2)]}$$

把关联函数带入能量表达式:

$$E(t) = -\frac{q}{8}\int \frac{\mathrm{d}\omega}{2\pi} \mathrm{e}^{-\mathrm{i}\omega t} \int_1^\infty \mathrm{d}\lambda_1 \int_1^\infty \mathrm{d}\lambda_2 \int_{-1}^1 \mathrm{d}\lambda \left[-\frac{\pi}{\Delta}D_q \mathrm{e}^{-\frac{\pi}{\Delta}\mathrm{i}\omega(\lambda-\lambda_1\lambda_2)}\right] \times \tag{A.53}$$

$$\frac{(1-\lambda^2)(1-\lambda^2-\lambda_1^2-\lambda_2^2+2\lambda_1^2\lambda_2^2)}{(\lambda^2+\lambda_1^2+\lambda_2^2-2\lambda\lambda_1\lambda_2-1)^2}$$

$$E(t) = \frac{q\pi D_q}{8\Delta}\int_1^\infty \mathrm{d}\lambda_1 \int_1^\infty \mathrm{d}\lambda_2 \int_{-1}^1 \mathrm{d}\lambda \frac{(1-\lambda^2)(1-\lambda^2-\lambda_1^2-\lambda_2^2+2\lambda_1^2\lambda_2^2)}{(\lambda^2+\lambda_1^2+\lambda_2^2-2\lambda\lambda_1\lambda_2-1)^2} \cdot \delta\left(t+\frac{\pi}{\Delta}(\lambda-\lambda_1\lambda_2)\right) \tag{A.54}$$

做变量代换 $t = \frac{\pi}{\Delta}\tilde{t} = \frac{q}{2}\tilde{t}$(这里的 $\tilde{t} = 2t/q$ 是第 3 章中定义的 $\tilde{t}$ 的两倍,所以那里的 $\tilde{t}$ 前有个因子 2)后:

$$E(\tilde{t}) = \frac{qD_q}{8}\int_1^\infty \mathrm{d}\lambda_1 \int_1^\infty \mathrm{d}\lambda_2 \int_{-1}^1 \mathrm{d}\lambda \frac{(1-\lambda^2)(1-\lambda^2-\lambda_1^2-\lambda_2^2+2\lambda_1^2\lambda_2^2)}{(\lambda^2+\lambda_1^2+\lambda_2^2-2\lambda\lambda_1\lambda_2-1)^2} \cdot \delta(\tilde{t}+\lambda-\lambda_1\lambda_2) \tag{A.55}$$

这个式子就是第 3 章中的方程式(3.29)。通过变量代换 $u=\lambda_1\lambda_2$,$z=\lambda_1^2$,可以把这个三重积分降低到二重:

$$E(\tilde{t}) = \frac{qD_q}{16}\int_1^\infty \mathrm{d}u \int_1^{u^2} \frac{[1-(u-\tilde{t})^2][-z^2+z(u^2+2u\tilde{t}-\tilde{t}^2+1)-u^2]^2}{[z^2+z(\tilde{t}^2-u^2-1)+u^2]^2 z} \cdot$$

$$\theta(u-\tilde{t}+1)\theta(1-u+\tilde{t}) \tag{A.56}$$

这里 $\theta(\cdot)$ 为阶跃函数。

一维非 KAM 受激转子系统的量子反共振条件

在一维受激转子系统中,量子反共振意味着当 $\tilde{\hbar}$ 为 2π 的奇数倍时,系统的演化算符的平方为常数[100],即

$$U^2 = e^{i\beta} \tag{B.1}$$

其中,β 是一个常实数。这里关注的问题是怎样的外场 $V(\theta)$ 能使上式成立。在受激转子研究早期,量子反共振条件就已得到确定和讨论[172],并在后续的研究中被进一步阐述[8]。下面首先按照文献[100]中的思路回顾对量子反共振条件的推导。角动量 $\hat{l}$ 的本征态方程为

$$\begin{cases} \hat{l}\,|n\rangle = n\tilde{\hbar}\,|n\rangle, & n \in Z \\ \hat{\theta}\,|\theta\rangle = \theta\,|\theta\rangle, & \theta \in [0, 2\pi) \end{cases} \tag{B.2}$$

且满足关系:

$$\langle\theta|n\rangle = \frac{1}{\sqrt{2\pi}}e^{in\theta} \tag{B.3}$$

采用角动量表象,可方便地将 U^2 的矩阵元 $U_{m,n}^2$ 写出:

$$\begin{aligned} U_{m,n}^2 &= \sum_{j=-\infty}^{\infty} \langle m|U|j\rangle\langle j|U|n\rangle \\ &= \frac{1}{4\pi^2}\sum_{j=-\infty}^{\infty}(-1)^{m+j}\int_{-\pi}^{\pi}d\theta\int_{-\pi}^{\pi}d\theta_1\, e^{i(j-m)\theta}e^{i(n-j)\theta_1} \cdot e^{-i\frac{K}{\hbar}V(\theta)}e^{-i\frac{K}{\hbar}V(\theta_1)} \end{aligned} \tag{B.4}$$

得出上式利用了"当 $\tilde{\hbar}$ 为 2π 的奇数倍时,$\langle m|e^{-i\frac{\hat{l}^2}{2\hbar}} = \langle m|e^{-i\pi m^2} = (-1)^m\langle m|$"这一条件。对式(B.4)进行整理,有

$$U_{m,n}^2 = \frac{(-1)^m}{2\pi}\int_{-\pi}^{\pi}d\theta\int_{-\pi}^{\pi}d\theta_1\, e^{i(n\theta_1-m\theta)}e^{-i\frac{K}{\hbar}[V(\theta)+V(\theta_1)]} \cdot \frac{1}{2\pi}\sum_{j=-\infty}^{\infty}(-1)^je^{ij(\theta-\theta_1)} \tag{B.5}$$

将 $(-1)^j = e^{ij\pi}$ 带入上式右边最后一个求和式,其结果为 δ 函数:

$$\frac{1}{2\pi}\sum_{j=-\infty}^{\infty}(-1)^{j}\mathrm{e}^{\mathrm{i}j(\theta-\theta_{1})}=\frac{1}{2\pi}\sum_{j=-\infty}^{\infty}\mathrm{e}^{\mathrm{i}j(\theta-\theta_{1}+\pi)}=\delta(\theta-\theta_{1}+\pi) \tag{B.6}$$

再将这个结果带入式(B.5)并对 θ_1 积分,易得

$$U_{m,n}^{2}=\frac{(-1)^{m+n}}{2\pi}\int_{-\pi}^{\pi}\mathrm{d}\theta\mathrm{e}^{\mathrm{i}(n-m)\theta}\mathrm{e}^{-\mathrm{i}\frac{K}{\hbar}\left[V(\theta)+V(\theta+\pi)\right]} \tag{B.7}$$

从上式可以看出,如果:

$$V(\theta)+V(\theta+\pi)=\mathrm{constant} \tag{B.8}$$

则

$$U_{m,n}^{2}=\mathrm{e}^{-\mathrm{i}\frac{KC}{\hbar}}\delta_{m,n} \tag{B.9}$$

这意味着 U^2 与单位算子只相差一个常数因子,从而可以充分保证量子反共振的实现。另一方面,式(B.7)表明 $\mathrm{e}^{-\mathrm{i}K[V(\theta)+V(\theta+\pi)]/\widetilde{\hbar}}$ 是 $U_{m,n}^2$ 的逆傅里叶变换的结果,因此若将式(B.9)带入式(B.7)左端,再做逆傅里叶变换,必然得到式(B.8)。所以,当 $\widetilde{\hbar}$ 为 2π 的奇数倍时,式(B.8)既是量子反共振实现的充分条件,也是其实现的必要条件。显然,标准受激转子所取外势 $V(\theta)=\cos\theta$ 完全满足这一条件。类似地,如果外势取 $V(\theta)=\cos(k\theta)$,其中 k 为奇数,那么仍应能够观测到量子反共振;但若 k 为偶数,则量子反共振条件不被满足,系统的动力学行为应由量子共振取代。从以上得到量子反共振条件的推导过程可以看出,除了式(B.8)以外,无需对外势 $V(\theta)$ 附加任何其他条件。特别地,$V(\theta)$ 可以是不光滑、不连续的函数,因此量子反共振原则上也可以在非 KAM 受激转子系统中发生,尽管 KAM 系统和非 KAM 系统的动力学性质有着定性的区别,如标准受激转子及其非 KAM 变形[210,211]。

附录 C

柱面相空间系统的 Wigner 函数及 Husimi 分布

C.1 柱面相空间系统的量子化

若系统的共轭变量为 l 和 θ，其中 $\theta \in [\theta_0, \theta_0 + 2\pi)$，$\theta_0$ 任意，关于 θ 的任意函数 $f(\theta)$ 都满足 $f(\theta + 2\pi) = f(\theta)$。相应的量子力学算符记为 $\hat{l}$ 和 $\hat{\theta}$，它们的本征态及本征值分别定义为

$$
\begin{cases}
\hat{l} \, | n \rangle = n\hbar | n \rangle, & n \in Z \\
\hat{\theta} | \theta \rangle = \theta | \theta \rangle, & \theta \in [0, 2\pi)
\end{cases}
\tag{C.1}
$$

且满足关系：

$$
\langle \theta | n \rangle = \frac{1}{\sqrt{2\pi}} e^{in\theta}
\tag{C.2}
$$

其中，n 是一个整数。可证，如果要求的本征态满足如下正交完备关系：

$$
\begin{cases}
\langle \theta' | \theta \rangle = \delta_{2\pi}(\theta' - \theta) \\
\int_{\theta_0}^{\theta_0 + 2\pi} | \theta \rangle \langle \theta | \, d\theta = 1
\end{cases}
\tag{C.3}
$$

则通过式 (C.2)，可以得到的本征态满足如下正交完备关系：

$$
\begin{cases}
\langle n' | n \rangle = \delta_{n', n} \\
\sum_{n=-\infty}^{\infty} | n \rangle \langle n | = 1
\end{cases}
\tag{C.4}
$$

反之亦然。以上完成了对柱面相空间系统量子化的定义。

对量子化的柱面相空间系统，$\hat{\theta}, \hat{l} \neq i\hbar$，$\hat{\theta}$ 和 $\hat{l}$ 满足 Weyl 对易式：

$$
e^{i\frac{\beta}{2}m} e^{im\hat{\theta}} e^{i\frac{\beta}{\hbar}\hat{l}} = e^{-i\frac{\beta}{2}m} e^{i\frac{\beta}{\hbar}\hat{l}} e^{im\hat{\theta}}
\tag{C.5}
$$

其中的位移算符 $e^{im\hat{\theta}}$ 和 $e^{i\frac{\beta}{\hbar}\hat{l}}$ 有如下性质：

$$\begin{cases} e^{im\hat{\theta}} |n\rangle = |n+m\rangle \\ e^{i\frac{\beta}{\hbar}\hat{l}} |\theta\rangle = |\theta-\beta\rangle \end{cases} \tag{C.6}$$

引入平移算符：

$$\hat{Z}(m,\beta) \equiv e^{i\frac{\beta}{2}m} e^{im\hat{\theta}} \tag{C.7}$$

有如下性质：

$$\langle \theta' | \hat{Z}(m,\beta) |\theta\rangle = e^{i\frac{m}{2}(2\theta-\beta)} \langle \theta' |\theta-\beta\rangle \tag{C.8}$$

$$\langle n' | \hat{Z}(m,\beta) |n\rangle = e^{i\frac{\beta}{2}(2n+m)} \langle n' |n+m\rangle \tag{C.9}$$

$$\hat{Z}^\dagger(m,\beta) = \hat{Z}^\dagger(-m,-\beta) \tag{C.10}$$

$$\hat{Z}^\dagger(m,\beta+2\pi) = (-1)^m \hat{Z}^\dagger(m,\beta) \tag{C.11}$$

$$\hat{Z}^\dagger(m+n,\beta) = e^{i\frac{\beta}{2}n} e^{in\hat{\theta}} \hat{Z}^\dagger(m,\beta) \tag{C.12}$$

C.2 Wigner 函数的定义

接下来，定义量子化的柱面相空间系统的 Wigner 函数。引入密度算符的特征函数：

$$\varphi(m,\beta) \equiv \mathrm{tr}[\hat{\rho}\hat{Z}(m,\beta)] \tag{C.13}$$

相应的反变换为

$$\hat{\rho} = \frac{1}{2\pi} \int_{\beta_0}^{\beta_0+2\pi} \mathrm{d}\beta \sum_m \varphi(m,\beta) \hat{Z}^\dagger(m,\beta) \tag{C.14}$$

其中，β_0 任意。特征函数 $\varphi(m,\beta)$ 有如下性质：

$$\varphi^*(m,\beta) = \varphi(-m,-\beta) \tag{C.15}$$

$$\varphi(m,\beta+2\pi) = (-1)^m \varphi(m,\beta) \tag{C.16}$$

$$\varphi(m+n,\beta) = e^{i\frac{\beta}{2}n} \mathrm{tr}[\hat{\rho}e^{in\hat{\theta}}\hat{Z}(m,\beta)] \tag{C.17}$$

利用特征函数，可定义 Wigner 函数如下：

$$W(n,\theta) \equiv \frac{1}{4\pi^2} \sum_{m=-\infty}^{\infty} e^{-im\theta} \int_{-\pi}^{\pi} \varphi(m,\gamma) e^{-in\gamma} \mathrm{d}\gamma \tag{C.18}$$

易证，$W(n,\theta)$ 有如下性质：

$$W^*(n,\theta) = W(n,\theta) \tag{C.19}$$

$$W(n,\theta) = W(n,\theta+2\pi) \tag{C.20}$$

$$\int_{\theta_0}^{\theta_0+2\pi} W(n,\theta)\mathrm{d}\theta = \langle n|\hat{\rho}|n\rangle \tag{C.21}$$

$$\sum_{j} W(n,\theta) = \langle \theta|\hat{\rho}|\theta\rangle \tag{C.22}$$

$$\varphi(m,\beta) = \sum_{n}\int_{\theta_0}^{\theta_0+2\pi} \mathrm{e}^{im\theta}\,\mathrm{e}^{in\beta} W(n,\theta)\mathrm{d}\theta \tag{C.23}$$

注意:如果定义式(C.18)中对 γ 的积分不是从 $-\pi$ 到 π,而是 $[\gamma_0,\gamma_0+2\pi)$,则 $W(n,\theta)$ 一般不为实,即 $W^*(n,\theta)\neq W(n,\theta)$,且:

$$\sum_{n} W(n,\theta) = \langle \theta+j\pi|\hat{\rho}|\theta+j\pi\rangle \tag{C.24}$$

其中,整数 j 满足 $\gamma_0\leqslant 2j\pi<\gamma_0+2\pi$。以下对 Wigner 函数的讨论均限定于定义式(C.18)。

C.2.1　纯态的 Wigner 函数

下面给出纯态的 Wigner 函数。设某个纯态为

$$|\psi\rangle = \sum_{n}\phi_n|n\rangle \tag{C.25}$$

则相应的:

$$\hat{\rho} = |\psi\rangle\langle\psi| = \sum_{j,k}\phi_j\phi_k^*\,|j\rangle\langle k| \tag{C.26}$$

$$\varphi(m,\beta) = \mathrm{e}^{\mathrm{i}\frac{\beta}{2}m}\sum_{l}\mathrm{e}^{\mathrm{i}l\beta}\phi_l\phi_{l+m}^* \tag{C.27}$$

$$W(n,\beta) = \frac{1}{2\pi}\sum_{l,m}\mathrm{e}^{-im\theta}\phi_{l+m}^{\mathrm{ast}}\phi_l \cdot \frac{1}{2\pi}\int_{-\pi}^{\pi}\mathrm{e}^{\mathrm{i}\beta(l-n+m/2)}\mathrm{d}\beta \tag{C.28}$$

C.2.2　相干态的 Wigner 函数

接下来给出相干态的 Wigner 函数。记中心位于 (n_c,θ_c) 的相干态为 $|C(n_c,\theta_c)\rangle$,且 $|C(n_c,\theta_c)\rangle = \sum_{n}c_n|n\rangle$,则有

$$c_n = a\mathrm{e}^{-\hbar(n-n_c)^2/2}\,\mathrm{e}^{-in\theta_c}\,\mathrm{e}^{in_c\theta_c/2} \tag{C.29}$$

其中 a 是一个归一化因子,满足

$$a^{-2} = \sum_{n}\mathrm{e}^{-\hbar n^2}\ (\approx\sqrt{\pi/\hbar}) \tag{C.30}$$

将式(C.29)带入式(C.28),可得相应的 Wigner 函数为

$$\begin{aligned}
W^c(n,\theta;n_c;\theta_c) &= \frac{a^2}{2\pi}\sum_{l,m}\mathrm{e}^{-im(\theta-\theta_c)}\,\mathrm{e}^{-\hbar[(l+m-n_c)^2+(l-n_c)^2]/2}\,\frac{1}{2\pi}\int_{-\pi}^{\pi}\mathrm{e}^{\mathrm{i}\beta(l-n+m/2)}\mathrm{d}\beta \\
&= \frac{a^2}{2\pi}\sum_{l,m}\mathrm{e}^{-\mathrm{i}(m-l)(\theta-\theta_c)}\,\mathrm{e}^{-\hbar(l^2+m^2)/2}\,\frac{1}{2\pi}\int_{-\pi}^{\pi}\mathrm{e}^{\mathrm{i}\frac{\beta}{2}(l+m+2n_c-2n)}\mathrm{d}\beta
\end{aligned} \tag{C.31}$$

易证：

$$\int_{\theta_0}^{\theta_0+2\pi} W^c(n,\theta;n_c,\theta_c)\mathrm{d}\theta = a^2 \mathrm{e}^{-\hbar(n-n_c)^2} = |c_n|^2 \tag{C.32}$$

$$\sum_n W^c(n,\theta;n_c,\theta_c) = \frac{a^2}{2\pi}\left|\sum_m \mathrm{e}^{-\frac{\hbar}{2}m^2}\mathrm{e}^{\mathrm{i}m(\theta-\theta_c)}\right|^2 \approx \frac{a^2}{\hbar}\cdot\mathrm{e}^{-\frac{(\theta-\theta_c)^2}{\hbar}} \tag{C.33}$$

以上两条和相干态波包的性质一致。在得到式（C.34）时，将求和近似成了积分，并利用了如下高斯函数的傅里叶变换积分公式：

$$\int_{-\infty}^{\infty} \mathrm{e}^{-\alpha x^2}\mathrm{e}^{-\mathrm{i}\alpha\omega x}\mathrm{d}x = \sqrt{\frac{\pi}{\alpha}}\mathrm{e}^{-\frac{\omega^2}{4\alpha}} \tag{C.34}$$

相干态 $|C(n_c,\theta_c)\rangle$ 的特征函数为

$$\varphi^c(m,\beta;n_c,\theta_c) = a^2 \mathrm{e}^{-\frac{\hbar}{4}m^2}\mathrm{e}^{\mathrm{i}m\theta_c}\mathrm{e}^{\mathrm{i}n_c\beta}\sum_l \mathrm{e}^{-\hbar\left(l+\frac{m}{2}\right)^2}\mathrm{e}^{\mathrm{i}\beta\left(l+\frac{m}{2}\right)} \tag{C.35}$$

如果将式（C.36）右端求和用积分近似，并考虑式（C.35），有

$$\varphi^c(m,\beta;n_c,\theta_c) \approx a^2\sqrt{\frac{\pi}{\hbar}}\mathrm{e}^{-\frac{\beta^2}{4\hbar}}\mathrm{e}^{-\frac{\hbar}{4}m^2}\mathrm{e}^{\mathrm{i}m\theta_c}\mathrm{e}^{\mathrm{i}n_c\beta} \tag{C.36}$$

若进一步考虑 $a^{-2}\approx\sqrt{\pi/\hbar}$，则有

$$\varphi^c(m,\beta;n_c,\theta_c) \approx \mathrm{e}^{-\frac{\beta^2}{4\hbar}}\mathrm{e}^{-\frac{\hbar}{4}m^2}\mathrm{e}^{\mathrm{i}m\theta_c}\mathrm{e}^{\mathrm{i}n_c\beta} \tag{C.37}$$

显然，上式在 $\beta\in[-\pi,\pi)$ 内近似程度最好。

C.3　Husimi 分布

本部分给出 Husimi 分布。设与密度矩阵 $\hat{\rho}$ 相应的 Wigner 函数为 $W(n,\theta)$，则按照定义，与 $\hat{\rho}$ 对应的 Husimi 分布为

$$W^H(n_c,\theta_c) = \sum_n \int_{\theta_0}^{\theta_0+2\pi} W(n,\theta)W^c(n,\theta;n_c,\theta_c)\mathrm{d}\theta \tag{C.38}$$

易证：

$$W^H(n_c,\theta_c) = \frac{1}{2\pi}\langle C(n_c,\theta_c)|\hat{\rho}|C(n_c,\theta_c)\rangle \geqslant 0 \tag{C.39}$$

设某个纯态为

$$|\psi\rangle = \sum_n \phi_n|n\rangle \tag{C.40}$$

相应地，$\hat{\rho}=|\psi\rangle\langle\psi|$，且根据式（C.39）、式（C.29）及式（C.30），可以算出

$$W^H(n_c,\theta_c) = \frac{a^2}{2\pi}\sum_{k,l}\phi_k^*\phi_l \mathrm{e}^{-\frac{\hbar}{2}[(k-n_c)^2+(l-n_c)^2]}\mathrm{e}^{-\mathrm{i}\theta_c(k-l)} \tag{C.41}$$

为了符号上的简洁，可以把上式表示成

$$W^H(n,\theta) = \frac{a^2}{2\pi}\sum_{k,l}\phi_k^*\phi_l \mathrm{e}^{-\frac{\hbar}{2}[(k-n)^2+(l-n)^2]}\mathrm{e}^{-\mathrm{i}\theta(k-l)} \tag{C.42}$$

由上式可看出：

$$\sum_n W^{\mathrm{H}}(n,\theta) \approx \frac{a^2}{2\pi}\sqrt{\frac{\pi}{\hbar}}\sum_{k,l} \mathrm{e}^{-\frac{\hbar}{4}(k-l)^2}\phi_k^*\phi_l\,\mathrm{e}^{-\mathrm{i}\theta(k-l)} \tag{C.43}$$

$$\int_{\theta_0}^{\theta_0+2\pi} W^{\mathrm{H}}(n,\theta)\mathrm{d}\theta = a^2 \sum_k \phi_k^*\phi_k\,\mathrm{e}^{-\hbar(k-n)^2} \tag{C.44}$$

$$\sum_n \int_{\theta_0}^{\theta_0+2\pi} W^{\mathrm{H}}(n,\theta) = \sum_k \phi_k^*\phi_k = 1 \tag{C.45}$$

最后，如果需要和经典分布进行比较，还可把 $W^{\mathrm{H}}(n,\theta)$ 推广到经典相空间，即做变换 $W^{\mathrm{H}}(n,\theta) \rightarrow P(l,\theta)$：

$$P(l,\theta) = \frac{1}{\hbar}W^{\mathrm{H}}(n,\theta) \tag{C.46}$$

其中，n 满足 $\left(n-\frac{1}{2}\right)\hbar \leqslant l < \left(n+\frac{1}{2}\right)\hbar$。可证，$P(l,\theta)$ 满足归一化条件：

$$\int_{-\infty}^{\infty} \mathrm{d}l \int_{\theta_0}^{\theta_0+2\pi} \mathrm{d}\theta P(l,\theta) = 1 \tag{C.47}$$

在进行数值计算时，$W^{\mathrm{H}}(n,\theta)$ 可直接采用式（C.42）进行描述，式中右边的求和可在因子 $\mathrm{e}^{-\frac{\hbar}{2}\left[(k-n)^2+(l-n)^2\right]}$ 足够小时截断。